翰墨遗香
龙文鞭影
明·萧良有 著
郑红峰 编
线装藏书馆
全四卷
卷二
中国言实出版社

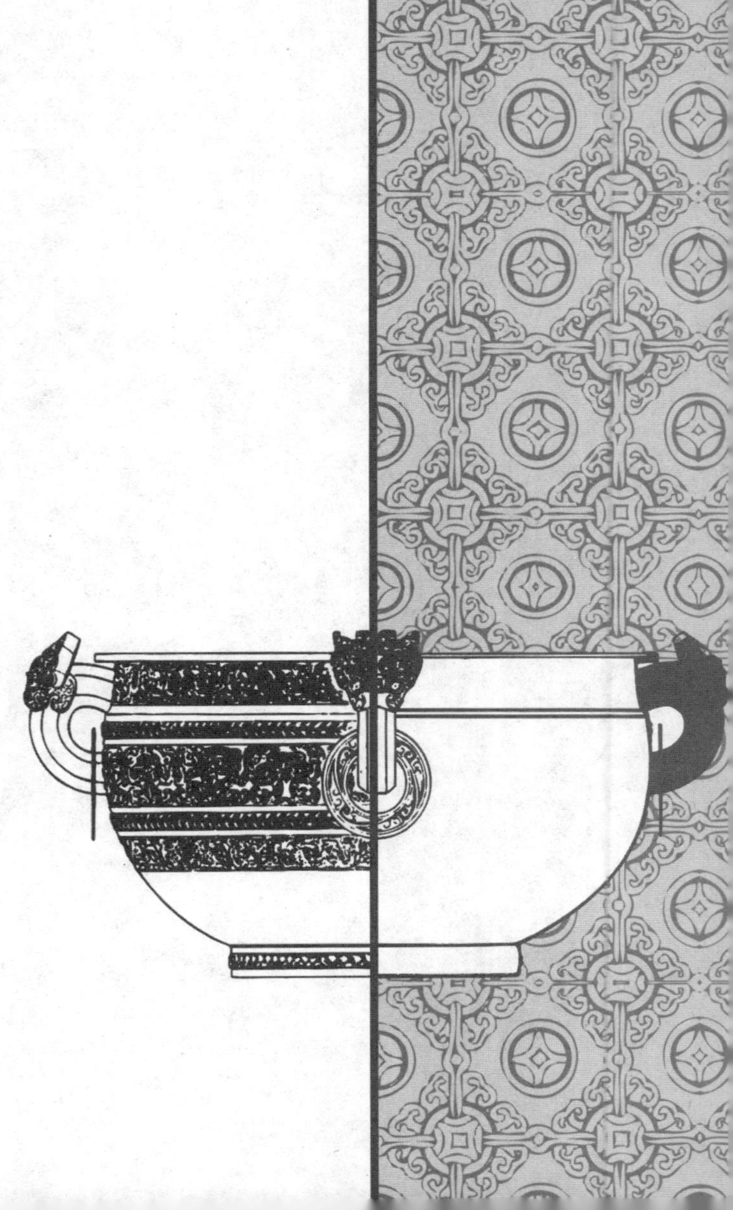

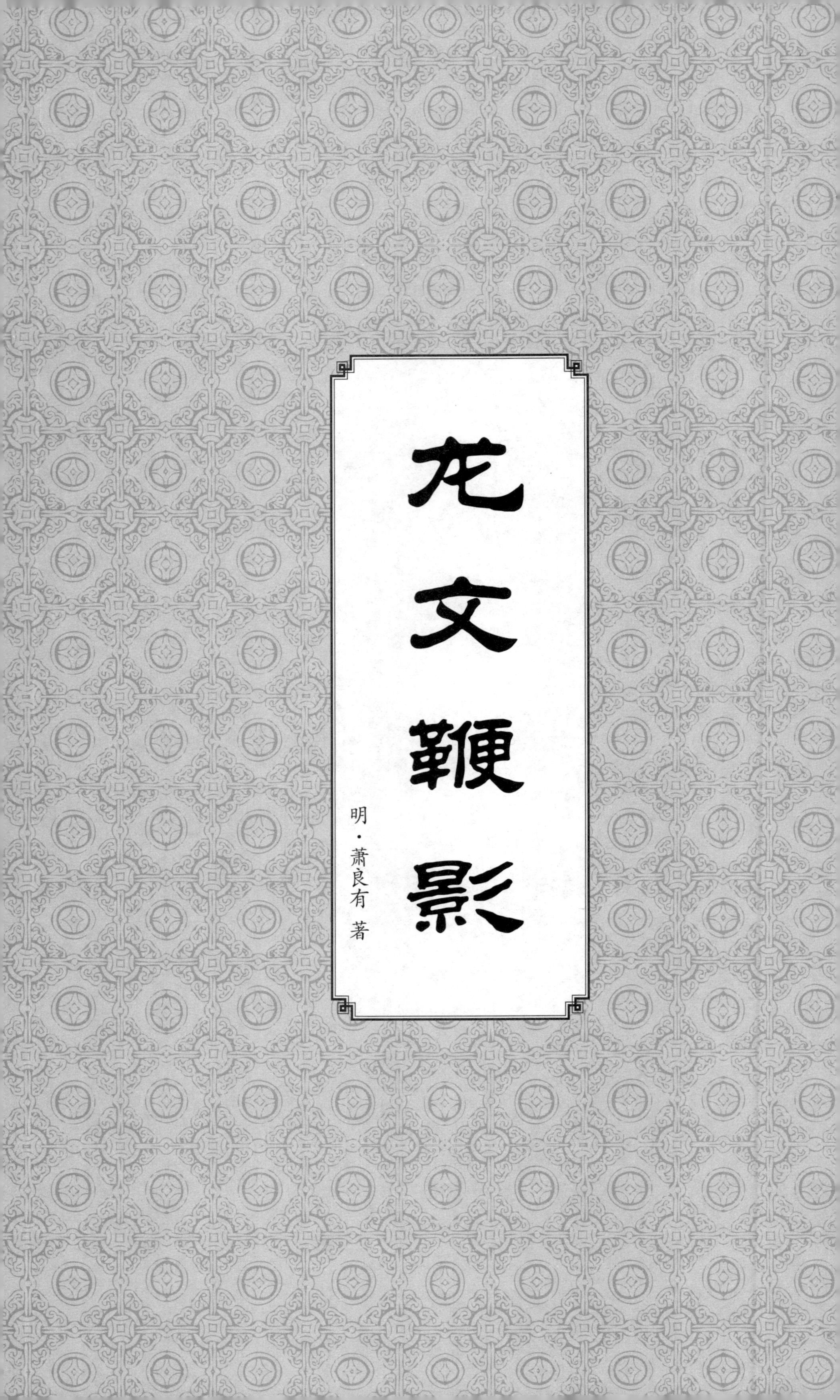
龙文鞭影
明·萧良有 著

【题解】

《龙文鞭影》是中国古代非常有名的儿童启蒙读物，最初由明人萧良有编撰，后来杨臣诤进行了增补修订。龙文是古代一种千里马的名称，它只要看见鞭子的影子就会奔跑驰骋。作者的寓意是，看了这本《龙文鞭影》，青少年就有可能成为『千里马』。《龙文鞭影》主要是介绍中国历史上的人物典故和逸事传说，四字一句，两句押韵，读起来抑扬顿挫，琅琅上口。它问世后，影响极大，成为最受欢迎的童蒙读物之一。

《龙文鞭影》成书的年代较《三字经》等要晚，是在明朝万历年间才出现的。此书以唐人李瀚首先摘取史传轶事编成四言韵句的《蒙求》为源，又采纳自宋至清陆续出现的一大批掌故、知识蒙书内容，最终汇集成的《龙文鞭影》一书就是在这种影响下产生的比较完善的一部蒙学书。

到了清末，丹徒人李恩绶认为这本书虽风行已久，但有谬误之处，于是又经过了一番校对增删，于光绪年间付梓刊行。

后来又有清人李晖吉、涂瓒，仿照《龙文鞭影》的体例，合编了一部《龙文鞭影二集》。我们所看到的《龙文鞭影》多半是经过了上述一些人的不断增补、订正、充实后的本子，应该说是比萧的原作要更完美。

《龙文鞭影》在传统蒙学中起着承前启后、由浅入深的作用，在完成了集中识字两千来个之后，为进一步读《四书》、《五经》，为作文打下基础。它和初读的『三』、『百』、『千』（即《三字经》、《百家姓》、《千字文》）几种蒙书比较起来，有个显著的特点，就是它广泛地汲取了前人若干蒙书的材料，融入了二十四史的不少人物典故、神话、小说和笔记，是一部集自然知识、历史典故于一体的骈文读物。这对后来的《幼学琼林》起了催生作用，影响很大。后来，在以李氏《蒙求》这种骈文体例影响下，出现了各种蒙书，有名物的、文字的、历史的、经学的、伦理的、地理的，各种读物不下百来种。但《龙文鞭影》和《幼学琼林》是流传最广、影响最大的两部知识性蒙书。

第一卷

一东

粗成四字　诲尔童蒙

经书暇日　子史须通

【浅释】这几句话的意思很直白，大致是说这本书是以四字一句为体的，用来教授小孩子，帮助学童掌握经书和子史中的典故（通俗来说就是文史知识）。经书自然是指儒学经典书籍，而子史则分别是诸子百家的学说和历史著作。所谓『经史子集』的书籍四部分，首创于魏晋时期。虽然是毫不张扬、简单明了的四句十六字，却真正道出了这本书籍的教育目的，并对学童也提出了学习目标。其实即便从这十六字来看，这也是不可多得的一部好书，关乎我中华传统之文化与历史，学而时习之，不亦乐乎？

经书是我国古代图书四部分类中的第一大类，指《易经》、《书经》、《诗经》、《周礼》、《仪礼》、《礼记》、《春秋》、《论语》、《孝经》等儒家经传，是研究我国古代历史和儒家学术思想的重要资料。

子史是指『经史子集』中的『子』和『史』部分。『经史子集』是中国古籍按内容区分的四大部分。一些大型的古籍丛书往往囊括四部，并用以命名，如《四库全书》、《四部丛刊》、《四部备要》等，可见四部分类对古籍的重要意义。作者编写或粗浅的四字句用以教导尚未明白事理的孩子们，告诫他们要坚持每天诵读传统的儒家典籍，子书和史书也一定要精通。

重华大孝　武穆精忠

【浅释】重华，就是重新放出光华的意思，在这里代指虞舜。虞舜因为能够像他的上一任唐尧一样德行兼备，所以后人认为他很好地完成了交接，做到了薪火承传，能够将前辈的光华重新彰显，因此被称为『重华』。〇『武穆』是公元1169年南宋朝廷给岳飞加的谥号，这时距岳飞去世已经47年了。赵构曾赐给岳飞一面大旗，上写『精忠岳飞』四字。岳飞的背上是母亲所刺『尽忠报国』四字，深入肌肤。

尧眉八彩　舜目重瞳

【浅释】天帝的女儿庆都从小寄养在伊长孺家中，29岁还没结婚。那年，她走到黄河边，一条红色的龙背着一张图来到她面前说：『我接到了上天降下的图，画着一位脸上发光的有红须的红衣人，眉毛有八种颜色。』后来她怀孕生下尧，长得和画上的人很像，眉毛也有八种颜色。○相传虞舜眼中有两个瞳孔，这是异相，视为圣人的特征。

商王祷雨　汉祖歌风

【浅释】商朝的开国君王商汤在大败夏桀后遇七年大旱。他不同意用活人祭天求雨的做法，而剪发向天祷告，他的诚意感动了上天，于是普降喜雨。○汉高祖刘邦在讨伐淮南王英布后途经沛县时邀集乡亲宴饮。他乘兴一边击缶（古代一种弦乐器），一边唱起《大风歌》：『大风起兮云飞扬，威加海内兮归故乡，安得猛士兮守四方！』表达了他统一天下的雄心壮志和渴求人才的心情。

秀巡河北　策据江东

【浅释】刘邦的九世孙刘秀于王莽地皇三年（公元22年）起兵大破莽军于昆阳，同年巡行黄河以北诸郡，释放囚徒，废除苛政，招徕人才，争取民心，平定地方武装割据势力和农民起义军，为建立东汉政权奠定了基础。○三国时吴郡富春（今浙江富阳）人孙策，在其父孙坚被刘表部将黄祖射杀后，投靠袁术，后借兵在江东（今江浙一带）建立政权，割据一方。

太宗怀鹞　桓典乘骢

【浅释】唐太宗即位后推行了自孝文帝始的一系列利国利民的政策，国家一度繁荣昌盛，史称『贞观之治』。他以任贤纳谏闻名。一天，他正在玩赏鹞（小型猎鹰），魏徵觐见。他怕魏徵说他玩物丧志，便慌忙把猎鹰藏在怀中。魏徵佯装不知，故意拖延讲话的时间。待魏徵奏事完毕，猎鹰竟然闷死了。○汉灵帝时的侍御史恒典能秉公执法，不畏权势，常乘一匹青白色的马出行，京城的权贵都怕他，街头流传有『行行且止，避骢马御史』的歌谣。

嘉宾赋雪　圣祖吟虹

【浅释】汉朝武帝时，司马相如因献赋被任命为侍郎。相传他曾在雪天到梁孝王刘武的宫苑梁园参加有枚乘、邹

阳等名士一起赴宴的饮酒作赋的盛会。梁孝王命他即席作雪赋，他立刻奋笔疾书，顷刻便成，众人无不叹服。○传说明太祖朱元璋一日便服出行遇见彭友信，便随口吟了两句虹霓诗：『谁把青红线两条，和风甘雨系天腰。』让彭友信续接。彭回答道：『玉皇昨夜鸾舆出，万里长空架彩桥。』朱元璋龙颜大悦，第二天便封他为布政使。

邺仙秋水　宣圣春风

【浅释】中唐京兆（今陕西西安）人李泌七岁能文，贺知章预言：『此稚子目如秋水，必拜卿相。』玄宗召他到宫中面试，让他观棋，张口试他：『方若棋盘，圆若棋子；动若棋生，静若棋死。』他即答曰：『方若行义，圆若用智；动若骋才，静若得意。』玄宗大喜。李泌后官至宰相，以功封邺侯。李泌还曾学道家辟谷导引术，骨节飒然出声，人称『邺仙锁子骨』。○孔子从汉平帝时便被追谥为褒成宣尼公，以后历代都尊他为『圣人』，诗文中多称之为『宣圣』。他的弟子颜渊德行很高，安贫乐道。汉武帝曾问侍臣东方朔：『孔子与颜渊的道德及品行谁更高尚？』东方朔答道：『颜渊如桂，馨香遍野山；孔子如春风，吹至则万物生。』形容孔子的道德品行惠泽万物。

恺崇斗富　浑濬争功

【浅释】西晋人王恺、石崇奢侈无度，挥霍成性。两人总是互相攀比看谁更富，有次王恺作紫丝步障四十里，石崇作锦步障五十里。武帝为帮王恺夸富，赐赠他二尺高的珊瑚树，石崇却用铁如意将它打碎，取出自家的六七株三四尺高的珊瑚树炫耀。王恺自愧不如。○王浑、王濬都是西晋平定东吴的将军。咸宁五年（公元279年）王濬受命攻吴，次年克武昌，直取建康，吴主孙皓投降。王浑熟悉军事，曾败东吴，但至孙皓投降后才渡江，并且指责王濬不听指挥，与王濬争功，为时人所讥讽。

王伦使虏　魏绛和戎

【浅释】南宋大臣王伦曾在高宗绍兴七年（公元1137年）二月出使金国，奉迎徽宗灵柩回宋。同年十二月回来后，他说金国答应归还徽宗灵柩和太后。之后，宋廷又派他赴金国，次年三月，他同金国使者回宋，金使要求割河南、陕西，实际想招降高宗，言词极其狂妄无礼，遭到李纲、胡铨的斥责。○春秋时晋国大夫魏绛于襄公四年

（公元前654年）谏请襄公，说和戎有五个好处。襄公派他与西戎各部落结盟。此后八年，晋国因无戎患，国力日强，得以九次会盟诸侯，终于复兴了霸业。戎，指西北少数民族。

恂留河内　何守关中

【浅释】东汉人寇恂，光武帝时拜河内太守，又因战功拜颍川太守。后随光武出征再到颍川，当地士绅向帝请求『愿从陛下复借寇君一年。』此后『借寇』便成了挽留地方官吏的代称。○楚汉相争时，萧何辅佐刘邦举兵。汉军入关中（秦函谷关以西地区），他收取了秦朝所有的律令、簿册、典籍，留守关中，管理后勤，使军需充足。

曾除丁谓　皓折贾充

【浅释】宋朝王曾为仁宗宰相，劾贬奸臣丁谓为崖州（今海南省）司户参军，人心大快。○三国东吴的亡国之君孙皓专横残暴、奢侈荒淫。晋灭吴后，他归降称臣，封归命侯。孙皓面见晋武帝时，西晋权臣贾充讽刺他说：『听说你曾挖人眼睛，剥人脸皮，多残酷的刑罚啊！』孙皓反唇相讥道：『那种奸佞不忠，杀死君王（指贾充指使人杀死魏主曹髦）的臣子，就该受这种刑罚。』贾充无言以对，羞愧得无地自容。

田骄贫贱　赵别雌雄

【浅释】战国时魏国人田子方是子贡的学生，魏文侯的老师。一天，他在路上遇见太子击，击下车拜见，子方却不行礼。太子生气地问：『富贵者应当骄傲呢，还是贫贱者应当骄傲？』子方回答说：『贫贱者可以对人骄傲，富贵者怎么敢对人骄傲呢？国君一骄傲就会亡国；士大夫骄傲，就会失去自己的家；士人中贫贱的，他所说的话如果不被采用，行为如果不合君意，可以转身而去，难道还怕丢了贫贱不成？』○汉代人赵温胸怀大志，他曾说：『大丈夫应当像雄鹰一样奋飞，怎么能像母鸡一样伏在窝里！』最后他弃官浪迹天涯。

王戎简要　裴楷清通

【浅释】西晋的王戎、裴楷都是当时的有才之士，一次，晋武帝问钟会：『朝中谁可任吏部郎？』钟会答道：『王戎说话行事简要，裴楷言谈举止雅正豁达，二者都能胜任。』帝便将两人同时任命为吏部郎。○王戎当时二十四岁，少年聪慧，行事简要。裴楷聪明、有见识、有度量，又博览群书，钟会推荐他时说他『清通』，是清雅通达的

意思。

子尼名士　少逸神童

【浅释】晋人王澄途经陈留郡（今河南开封东）时问当地的官吏说：『此郡名士都有谁？』官吏回答说：『有江应元、蔡子尼。』王澄又问：『这地方有许多官居高位的人，你为什么只提这两位？』官吏又说：『自古以来君侯论人都是考察他人品怎样，而不考虑他的地位高低呀！』王澄笑笑，再没说什么。〇宋代文人刘少逸十一岁时便精通文辞。他曾同当时的名儒王禹偁、罗思纯联句。罗思纯出上联道：『无风烟焰直。』少逸接口道：『有月竹阴寒。』罗吟：『日移竹影侵棋局。』少逸对：『风送花香入酒卮。』王元之接着出句：『风雨江城暮。』少逸对：『波涛海寺秋。』王又吟：『一回酒渴思吞海。』少逸答道：『几度诗狂欲上天。』少逸因此名声大震，皇帝赐他进士及第。

巨伯高谊　许叔阴功

【浅释】汉代人荀巨伯去探望远方生重病的朋友，到朋友家后，正碰上胡兵攻城。朋友对他说：『我马上要死了，你快逃命吧！』巨伯说：『我大老远的来看你，你却让我走，这是让我背信弃义而苟且偷生，这难道是我荀巨伯的所作所为吗？』胡兵捉住了巨伯，问他为什么不跑。巨伯说：『我的朋友有病，我不忍心丢下他而跑掉，而愿意代朋友去死。』胡兵感叹地说：『由此看来我们是用无义去加害讲道义的人，太不应该了！』于是下令退兵，使全城免受一场灾难。〇宋代的许知可，字叔微，精医术。建炎初年，京城流行瘟疫，他走街串巷救活了许多人。一天夜里，他梦见一位神人对他说：『天帝被你的阴功所感动，下令赐给你官做。』后来他参加会考以第六名中第。

代雨李靖　止雹王崇

【浅释】相传唐朝开国名将李靖小时进山射猎，投宿于一朱门大户人家。睡至半夜，一位老婆婆走来对他说：『这里是龙宫，天帝让行雨，可是两位龙子都不在，麻烦你代劳一下如何？』随即她牵来一匹青骢马，告诉李靖说：『马一叫，你就取瓶子里的一滴水滴在马鬃上，平地上水就深达三尺了。』李靖知道家乡旱情严重，他便连

下了三十滴水。老婆婆连连顿脚：『你的家乡一定遭了大水灾。这一滴，是地上十尺雨。』〇北魏孝子王崇幼年时父母双亡，他肝肠寸断，痛不欲生。入夏，上天突降冰雹，生灵被砸死许多，可是冰雹一到王崇家的田头便突然停住了，他家的麦田竟然未受丝毫损失。人们都说这是王崇的孝心感动了上苍。

和凝衣钵　仁杰药笼

【浅释】五代词人和凝曾中进士，名列第十三。后来他主持进士考试时，范质也中了进士第十三名。于是和凝对范质说：『你可以传我的衣钵了！』后来，范质所任官职都与和凝相同。〇唐代武则天时的元行冲官拜通事舍人，他因刚正不阿受到当时名相狄仁杰的器重。元说：『你门下宾客如美味佳肴，我愿作药一味，储备在你门下如何？』狄听懂了他的言下之意，便对人说：『这是我药笼中一天也不可少的药啊。』后人便以『药笼中物』比喻储备人才。

义伦清节　展获和风

【浅释】北宋人沈义伦为人清廉。他曾随军伐蜀，任四川转运使，负责物资输送。其他将领多因受贿而身败名裂，而当他东归入朝时，箱中却只有书籍。清节：清廉有节操。〇春秋鲁国大夫展获死后，门生们要致悼词。他的妻子认为自己最了解丈夫的为人，便在悼词中历数他为人温和诚信，蒙耻救民等功勋，觉得他谥『惠』最相宜。由于他食邑柳下，所以孟子称他为柳下惠。

占风令尹　辩日儿童

【浅释】周时的函谷关令尹喜望见有紫色的云气从东方飘来。于是观察风向以测吉凶，推算有圣人要路过此地。不久，老聃果然骑青牛来了。他教尹喜练气吐纳，又传授《道德经》五千言后方骑牛西去。〇相传孔子东游，见两个孩子在辩论。一个说，太阳刚出来时离人近，正午时离人远。另一个持相反意见。一个申述理由说，日初升大如车上伞盖，中午就像盘子一般，这不是远小近大的缘故吗？另一个争辩说，日初出时天凉，中午炙热，这不是近热远凉的缘故吗？孔子也无法判断谁对谁错。两个小孩笑道：『谁说你的学问大呢？』

敝履东郭　粗服张融

【浅释】西汉武帝时，东郭先生以方士（会道术或星相占卜的人）的身份等待朝廷的召用，却久久没有音讯。也许是时运未到，因贫困饥寒而遭人讥笑。他却得意地说：『谁能像我一样在雪中行走。』低头一看鞋已磨穿无底。○南朝齐文学家张融因才华横溢而受齐高帝赏识。张融平日朴素，高帝曾赐给他一件衣袍并对他说：『我看你衣服粗敝，这的确是朴素，但过于褴褛，也会损坏朝廷的声望。今天送你一件旧衣服，衣服虽旧，却胜过新的。这是我穿过的，已经让人按你的身材改制了。』张融因穿朴素的衣服而受到奖赏。

卢杞除患　彭宠言功

【浅释】卢杞是唐德宗朝的权相，他巧言令色，却受德宗的宠信。他任虢州刺史时，曾上奏：有三千头官府的猪危害百姓的庄稼。德宗命将猪赶往同州的沙苑。他又奏说：『沙苑也是陛下的百姓，不如将它们杀了分给百姓更好。』德宗说，『你守虢州而为其他州的百姓担忧，真是当宰相的人才。』便下诏把猪赏给百姓。德宗曾说：『卢杞忠清强介，但别人却说他奸邪，我怎么一点也看不出？』李泌说：『这正是卢杞奸邪之处，如果陛下察觉了他的所作所为，又怎么会有建中之乱呢？』○东汉初，渔阳太守彭宠负责堵截王朗军队转运的粮草，他自认为劳苦功高，对光武帝不给他加官十分不满。幽州太守朱浮写信用寓言故事劝他，说辽东的猪都是黑的，有人得了头白猪，以为稀奇，要献给朝廷，谁知走到河东，看到猪都是白色的，便惭愧地回去了。你的功劳就像那头辽东白猪，并无特殊之处。彭宠不听，起兵谋反，结果被杀。

放歌渔者　鼓枻诗翁

【浅释】唐朝江陵太守崔铉看见一位渔翁在楚江边钓鱼，没有人知道他姓甚名谁，钓到鱼后便换酒喝，喝得高兴了便放声歌唱。崔铉问他：『你是在此钓鱼的隐士吗？』渔翁说：『世人都认为姜子牙、严子陵是隐士，却不知他们钓鱼是为了钓名罢了。』说完便径直走了，连头也不回。宋人郭祥有诗道：『得鱼无卖处，沽酒入芦花。』说的正是这位渔翁。○宋人卓彦恭夜过洞庭湖，见一老翁在湖上夜钓。他问老翁有没有鱼，老翁回答道：『没有鱼，但是有诗。』说完就敲着桨唱道：『八十沧浪一老翁，芦花江上水连空。世间多少沉浮事，良夜月明收钓

筒。』卓彦恭问他姓名，老翁不答话，转身而去。

韦文朱武　阳孝尊忠

【浅释】前秦苻坚视察太学，博士卢壶报告说：『《周官》《仪礼》无人精通，只有太常韦逞的母亲宋氏才能讲授。』于是苻坚同意在韦家设讲堂，请宋氏隔着纱帐为一百二十人授『经』，人称『宣文君』。东晋梁州刺史朱序镇守襄阳时，前秦军攻城。朱母韩氏说：『城西北角会先受敌。』就带领百余妇女往城西北新筑城墙二十多丈，秦兵果然攻城西北角，但终因第二道城墙久攻不下而退，因号『夫人城』。○汉朝益州刺史王阳护送先人棺柩走到邛崃的九折坂时，见道路崎岖险峻，很难行走，便叹道：『护送先人遗体怎么能走这条险道？』说罢掉头折回。后任刺史王尊到益州，他问地方官：『这不是王阳所惧怕的道路吗？』说完便喝斥驾车的驭手快走。世人因此称王阳是孝子，王尊是忠臣。

倚闾贾母　投阁扬雄

【浅释】战国时齐人王孙贾侍奉齐湣王非常忠诚。后来楚将淖齿作乱，湣王出走，王孙贾找不到他就回家了。他母亲见了，责备他道：『你早出晚归，我靠着家门望着你的身影，如今君王失踪了，你却不知道他在何处，你还回来干什么？』王孙贾极为羞愧，便派人杀了奸臣淖齿，立湣王之子为齐王，齐国从此安定。○汉朝辞赋家扬雄官为大夫，校书天禄阁，他曾经收刘歆的儿子刘棻做学生。刘棻犯罪，株连到扬雄，扬雄害怕受牵累，便从天禄阁上跳楼自杀，差点死掉。因此京城有人讥笑他：『惟寂寞，自投阁。』

梁姬值虎　冯后当熊

【浅释】传说南宋抗金名将韩世忠的夫人梁红玉曾是镇江京口一带的歌伎，一天她见有一只虎卧在廊下，吓坏了，急忙跑了出来。不一会儿很多人来了，她又跟着进府，才知道是名小卒在打瞌睡。梁红玉后来才知道他叫韩世忠。梁红玉将这事说给母亲听。母亲说那人将来一定是位贵人，就把他叫来家里，热情款待，并将女儿许配给他。后来韩世忠成为抗金名将，她受封为梁国夫人。○相传西汉元帝曾带他宠幸的冯妃、傅妃到御花园观赏禽兽。突然一只熊窜了出来，傅妃急忙躲了起来，而冯妃却勇敢地冲上去站在熊的面前将它挡住。事后元帝问她为

什么这样做，她说：『我生怕熊伤害了陛下，因此用身体挡住它。』在旁的傅妃听了，羞得无地自容，而此后元帝更加宠爱冯妃。

罗敷陌上　通德宫中

【浅释】汉代王仁的妻子秦罗敷是邯郸的美女。一次，她到城南的陌上采桑，被太守看见，便邀她一同坐车。罗敷随口吟了《陌上桑》的歌曲，表明自己的心志。〇汉成帝的皇后赵飞燕的侍女樊通德嫁给伶玄做妾。樊通德常说起飞燕姐妹在宫中的风流韵事。伶玄说：『这都是些灰飞烟灭已经过去的事了，听了让人伤感，乱生想象。荣华富贵总是有尽头的，怎么知道它不会回到荒田野草中去呢？』樊通德听了神色黯然，潸然泪下。

二　冬

汉称七制　唐美三宗

【浅释】汉朝有七位受人赞颂的皇帝，他们分别是西汉的高祖刘邦、文帝刘恒、武帝刘彻、宣帝刘询，东汉的光武帝刘秀、明帝刘庄、章帝刘炟。〇唐朝的二十一位国君中，历史学家认为其中三位最为杰出，他们分别是唐太宗李世民、玄宗李隆基（开元时期）、宪宗李纯。太宗除隋之乱，使百姓安居乐业，有『贞观之治』；玄宗早年励精图治，使国家兴盛，有『开元盛世』之称；宪宗刚毅果断，平定藩镇之乱，收伏强藩，使唐重振声威，得到后世历史学家的赞颂。

杲卿断舌　高祖伤胸

【浅释】天宝十四年（公元755年），三镇节度使安禄山叛乱，攻入东都洛阳，向西进军。当时常山太守颜杲卿害怕叛军直攻潼关，危及关中，便和堂弟颜真卿联合渡河。天宝十五年常山被攻陷，颜杲卿被俘。他英勇不屈，大骂逆贼安禄山。安禄山大为恼怒，下令钩断他的舌头，他喷血而死。宋文天祥在《正气歌》中称『为颜常山舌』。〇刘邦和项羽在广武对阵，刘邦严厉指出项羽十项罪过，项羽大为震怒，命伏兵射击刘邦，刘邦胸部中箭，但是他却用手捂住足部，说脚趾受伤。他这样做是为了稳定军心。

魏公切直　师德宽容

【浅释】宋朝韩琦因为立了大功而被封为魏国公，是仁宗时期的宰相。他耿直并敢于直言。在担任陈官时，上奏抨击宰相王随、陈尧佐和参知政事韩亿、石中立，致使四人同一天被罢免官职。他还曾经厉声撤去曹太后的帘子。英宗患病，他要太后照护病人。在做宰相时，他觉得王安石尽管名气很大，但是不能大用，离开相位后，仍坚持这种看法，说：『安石为翰林学士则有余，处辅弼之地则不可。』他从不怕得罪人。〇唐朝娄师德在武则天执政时任宰相，为人宽宏大量。他曾举荐狄仁杰为相，而狄仁杰却非常看不起他，时常排挤他。这事被武则天发现了，武则天问狄仁杰：『师德贤乎？』狄仁杰答：『不知。』又问：『师德知人乎？』狄仁杰答：『未闻其知人。』事实上就是否定娄师德。武则天对狄仁杰说：『朕之知卿，乃师德所荐也，亦可谓知人矣。』狄仁杰出宫之后感叹说：『娄公盛德，我为其所包容久矣，吾不得窥其际也。』承认自己的心胸比不上娄师德。

祢衡一鹗　路斯九龙

【浅释】祢衡是东汉末年的名士，孔融十分钦佩他，称赞他的才学，曾上书举荐说：『鸷鸟累百，不如一鹗。使衡立朝，必有可观。』曹操立刻召见祢衡。祢衡看不起曹操，对曹操傲慢无礼，曹操便把他推举给黄祖。然而他傲态不改，最终被黄祖杀害。〇唐朝宣城令张路斯，他的夫人石氏生了九个儿子，当时被人们称作『九龙』。

纯仁助麦　丁固梦松

【浅释】宋朝范仲淹担任开封府知府，令他的次子范纯仁运送五百斛小麦回苏州。运送完后，范纯仁返回开封府，告诉他父亲在路上碰到石曼卿，石曼卿告诉他家里有三丧未葬，二女未嫁。范仲淹说那为什么不将麦子和船都送给石曼卿，范纯仁说我已经这么做了。范仲淹对他儿子十分赞许。〇汉朝丁固，年轻时梦到自己肚子上长着一棵松树，去请教专门为人解梦的占梦术士，那术士说：『「松」字拆开了就是「十八公」，你十八年后一定会被封为公。』之后当真就如占梦术士所言。这是传播封建宿命论思想，不能相信。

韩琦芍药　李固芙蓉

【浅释】宋时江都（今扬州）有三十二种芍药花，其中名为『金带围』的最为珍稀。韩琦担任郡守时，开了四

枝。后来韩琦拜相，有人称这是『花瑞』。○相传唐朝李固言落第游四川，遇到一个老妇，对他说：『您明年在芙蓉镜下及第。』第二年考试，诗赋的题目是《有人镜芙蓉之目》，这次李固言当真中了状元。李固言耿直忠贞，不求私利，严惩奸吏，深受民众爱戴，官位升到了太子太傅。

乐羊七载　方朔三冬

【浅释】东汉时，乐羊子外出求学，才过一年就跑回家中。他的妻子问他怎么这么快就回来，他说：『在外想家了。』他的妻子便用剪刀把织机上的织布剪断，说：『此帛生自蚕茧，成于机杼。一丝而累，以至于寸；累寸不已，遂成丈匹。君远出求学，学业未成，中途而归，与断帛有何不同。』她这篇关于『半途而废』的议论相当精辟，让乐羊子深受启发，重新外出求学，七年不回，学业大为长进。○西汉东方朔，善诙谐，汉武帝即位，他上书说：『臣年十二，学书三冬，文史足用。十五学击剑，十六学《诗》、《书》，通二十二万言。十九学孙吴兵法，亦诵二十二万言。可以为大臣矣。』东方朔勤奋学习，能武能文，能背诵四十四万言，可见他下了多大苦功，武帝见了，相当赞赏。

郊祁并第　谭尚相攻

【浅释】宋代宋郊与弟弟宋祁遇到一个番僧，这番僧为他们看相，说：『小宋将来必定会中状元。』过了十年番僧又遇到宋郊，他很惊异地说：『看您的面相和以前完全不同，似乎您曾经救活几万条性命，您也应当中状元。』原来宋郊曾造木筏，在水中救过蚂蚁的命。后来殿试唱名，宋祁是第一名。章献太后说：『弟弟的名次不能在哥哥之前』，于是就把宋郊定为第一名（状元），宋祁第十名，兄弟俩都做了翰林。由于他们姓宋，名字合起来又叫『郊祁』，有人便攻击他们要夺宋朝江山，仁宗皇帝便命令宋郊改为宋庠。○东汉末年，大军阀袁绍死了，他的两个儿子袁谭、袁尚为了抢夺冀州的执政权，便率兵互相残杀。曹操乘机袭击，兄弟俩依次被曹操所灭。

陶违雾豹　韩比云龙

【浅释】周朝的陶答子治陶三年，声誉不兴，家产增长三倍。他的妻子抱着儿子痛哭。陶答子的母亲看到了，

认为太不吉利了，便责骂她无故哭泣。陶答子的妻子说：『我听说南山有玄豹隐在雾中，七天不进食，它是想用这方法让皮毛光泽有花纹；而猪狗一类什么都吃，吃肥了让人宰杀。我担心我们只顾自己发财，终究会招来灾祸。』当真才过一年，盗贼就光顾了他们家。唐骆宾王有诗云：『我留安豹隐，君去学鹏抟。』○唐朝大文学家韩愈很仰慕孟郊，曾作《醉留东野》诗，写道：『吾愿身为云，东野变为龙。四方上下逐东野，虽有离别无由逢。』东野是孟郊的字，诗与贾岛齐名。当时有『孟诗韩笔』的赞誉。

洗儿妃子　校士昭容

【浅释】唐朝杨贵妃把安禄山收为义子，把他当小儿，弄了个三日洗礼的仪式，还用锦绣包裹着安禄山，如同在襁褓中，让宫女用彩轿抬着。把肉麻当作有趣，真是一大丑闻。○昭容：女官名，此指唐代上官婉儿。传说上官婉儿母亲怀孕时，梦巨人给她一杆大秤说：『用它称量天下文士。』郑氏希望生一男儿，及生昭容，母视之曰：『称量天下，岂是汝耶。』婉儿口中呕呕，如应作是是。婉儿入宫，为武则天掌诏命，其军国大计，杀生大柄，多其决定。至若幽求英俊，郁兴辞藻，亦甚得其力。见《嘉话录》、《太平御览》引《景龙文馆记》。

彩鸾书韵　琴操参宗

【浅释】晋朝吴猛的女儿彩鸾许配给了文箫。文箫家里非常贫穷，连吃饭都成问题，彩鸾每天抄写一部韵书，卖钱用以度日。○宋朝苏轼在杭州当官时，常常带艺妓琴操游玩西湖。苏轼说：『我做长老，你试着参究禅学。』琴操问：『何谓湖中景？』苏轼答：『落霞与孤鹜齐飞，秋水共长天一色。』又问：『何为景中人？』答：『裙拖六幅潇湘水，髻挽巫山一段云。』又问：『如此究竟如何？』答道：『门前冷落车马稀，老大嫁作商人妇。』琴操领会了其中的禅理，随即削发为尼。

三　江

古帝凤阁　刺史鸡窗

【浅释】黄帝向天老问凤象，天老说：『凤出现在东方君子的国家，翱翔于四海之外，它的出现，说明天下太平。』黄帝于是在殿中斋戒，凤凰蔽天蔽日而来，落在梧桐树上，食竹实。○晋宋宗，字处宗，官至兖州刺史。

传说其得到一只长鸣鸡，养在窗前，后来鸡忽然能说人话，与处宗交谈，极有玄机。处宗因而玄业大进。

亡秦胡亥　兴汉刘邦

【浅释】胡亥，秦始皇的次子，秦始皇死后，胡亥继位，施行暴政。刘邦、项羽起兵后，胡亥被杀。胡亥死后其侄子婴继位，后又被项羽诛杀，秦朝于是灭亡。○楚汉战争中，刘邦战胜项羽后，建立汉朝。

戴生独步　许子无双

【浅释】戴生，东汉人戴良，字叔鸾，议论高奇。有人问他：『天下有谁可与你相比呢？』他说：『我就像孔丘长东鲁，大禹出西羌，独步天下，没有人能跟我比。』○许子，许慎，字叔重，东汉人。《说文解字》的作者。许慎博学多才，深得马融的推崇，当时有『五经无双许叔重』的说法。

柳眠汉苑　枫落吴江

【浅释】《三辅旧（也作故）事》中说：『汉苑有柳，形状像人，因此叫人柳。每天三眠三起。』○唐代崔信明担任秦川令，总是以诗文自负。有一次郑世冀问他：『听说你有「枫落吴江冷」的诗句，可以拜读别的诗篇吗？』崔信明高兴地拿出其他诗篇，郑没看完就摇头说：『真是所见不如所闻啊！』遂将稿投进水中，摇船而去。后世用『枫落句』称诗文警句。

鱼山警植　鹿门隐庞

【浅释】鱼山在泰安府东阿县西，曹植曾在此登山临东阿，他忽然听到岩岫里有诵经声，不禁恭敬地聆听起来。○后汉的庞德公，荆州刺史刘表数次宴请他，他都不去。后来他带着妻子登鹿门山采药，从此不再回来。

浩从床匿　崧避仗撞

【浅释】唐代孟浩然四十岁时才游览京城，与王维结识，并成为好友。王维私下邀请他进入内署，正好被唐明皇撞到，于是孟浩然躲到床下。王维将实情报告给皇帝，皇帝说：『我听说过这个人，只是没有见过。』于是下令，让孟浩然出来相见。○汉明帝喜欢把耳目的揭发作为事实，公卿大臣大都被诋毁。曾经因事杖打郎药崧，郎药崧逃到床底下，皇帝更恼怒，说：『你出来。』郎药崧说：『天下穆穆，诸侯皇皇，未闻人君，自起撞郎。』

刘诗瓿覆　韩文鼎扛

【浅释】汉代刘歆曾对扬雄说：『今学者有禄利，然尚不能明《易》，其若《玄》何，吾恐后人用覆酱瓿也。』明代刘基，字伯温，是元代的进士，弃官隐居在青田山。明太祖征召他入朝，刘伯温陈述有关时事的十八项策略，帮助太祖成就了帝业。所著有《履瓿集》等。〇韩，指韩愈，唐代著名的文学家。鼎扛，黄庭坚有诗云：『虎儿笔力能扛鼎。』虎儿指米芾（字元章）之子米友仁。这里意指韩愈的文章很有分量。

愿归盘谷　杨忆石淙

【浅释】盘谷在河南济源县北，唐朝名士李愿曾在这里隐居。〇明武宗朝重臣杨一清，字应宁，云南安宁人。镇江府城南有杨一清石淙精舍，在丁卯桥侧。

弩名克敌　城筑受降

【浅释】韩世忠制造了一种杀伤力很大的弓叫克敌弓，以抵挡金人骑兵的进攻。这种弓的射程达百步，还能射穿两重铠甲。〇受降城在山西大同西北，本是汉武帝时公孙敖修筑的。至唐代朔方总督张仁愿在大同城黄河北岸又筑中、东、西三座卫城，驻扎重兵，阻挡突厥人南侵，并请求朝廷乘突厥人兵力空虚而攻漠北之地，收复失地三百余里。突厥人从此不敢过太行山牧马。

韦曲杜曲　梦窗草窗

【浅释】长安城南的樊川附近的韦曲，因唐代韦安石在此建别墅而得名。杜曲是唐代杜佑和朋友们常来游玩的地方。韦曲叫南杜，杜曲叫北杜，韦、杜二人都是朝廷显宦，当时人说：『城南韦杜，去天尺五。』〇南宋吴文英工词，有《梦窗甲乙丙稿》四卷，时人雅称他为『梦窗』；周密也精于词，作品结集名《草窗词》二卷，人称他为『草窗』。

灵征刍狗　诗祸花龙

【浅释】灵征刍狗，指灵验的梦。《魏志·方技传》记载：太史问周宣：『梦见刍狗是什么意思？』周宣说：『要得到饮食。』又有一天，太史再问梦见刍狗，周宣说：『要从车上掉下来把脚摔折了。』太史第三次问梦见

刍狗是什么意思，周宣说：『会有火灾。』太史后来说：『其实，我三次询问都没有做梦，只是想试您罢了，可是为什么都灵验了呢？』〇明代人高启因为题宫女图诗触怒皇帝，因此被杀。他写的诗是：『女奴扶醉踏苍苔，明月西园侍宴回。小犬隔花空吠影，夜深宫静有谁来。』

嘉贞丝幔　鲁直彩缸

【浅释】唐代宰相张嘉贞想纳郭元振为女婿，就对他说：『我有五个女儿，会各拿着一条丝站在幕后，你去牵线，线那头是谁，谁就是你妻子。』元振于是牵了一条红丝，是宰相的三女儿，贤惠而美丽。〇宋代文人黄庭坚（字鲁直）的儿子，向苏东坡之子苏迈的女儿求婚。结婚时，用红彩线缠其缸做彩礼。

四　文

王良策马　傅说骑箕

【浅释】王良即春秋时的邮无政，是当时擅长驾驭车马的好手。相传由于他善御，死后灵魂化作星星，因此王良又是星宿名。《史记》说：『王良策马，车骑满野』。《黄帝占》说：『驷马参差不列行，则天下安。天马齐行，王良举策，则不安，天子自临兵』。也就是说这星宿能预示战争或和平，当然这是牵强附会的说法。〇傅说是殷武丁时期的贤相。还有另一种说法是傅说是后宫女巫。郑樵（宋莆田人，史学家）说：『傅说一星，主后宫求子之事，谓傅母喜之也。』傅说星位于箕星和尾星两个星宿之间，是管祈祷子嗣的，傅说星明亮形大，则预示帝王就多子。

伏羲画卦　宣父删诗

【浅释】相传八卦是伏羲画的。在人类的蒙昧时代，生活艰难困苦，就在这时渭水上游的氏族部落诞生了一位划时代的伟大人物：伏羲。他领导部族辛勤劳作。〇宣父即孔子，汉代时被封为至圣文宣王。相传曾编删《诗经》。

高逢白帝　禹梦玄彝

【浅释】汉高祖年轻时地位卑微，夜里喝醉了，路过一个沼泽地，看到有一条大蛇横在路上，刘邦拔剑把它杀

了。后来有人夜间路过这里，看到一个老妇在哭泣，说：『我的儿子是白帝的儿子，化为大蛇横在路上被赤帝的儿子杀死了。』○相传夏禹到衡山治水，梦到一个自称是玄彝苍水使者的人，对夏禹说：『你想得到我的简册，就要到黄帝宫斋戒。』于是夏禹在黄帝宫斋戒三个月，当真得到了金简玉牒，所以明白了治水的诀窍。

寅陈七策　光进五规

【浅释】胡寅担任起居郎一职，他给宋高宗赵构献上七策：一、罢和议而修战略。二、罢行台。三、务实效。四、起天下之兵。五、都荆襄。六、选宗室。七、存纪纲。都是主张抗金强兵，革新政治的。但是吕颐浩（也是主张抗金的大臣）厌恶他太耿直，不让他在京师，让他到外地做官。当时舆论对吕颐浩颇多批评。○北宋司马光，仁宗时担任天章阁侍制兼知谏院，上三札，又进五规，即：保业、惜时、远谋、谨微、务实，皇帝对此很赞赏。

鲁恭三异　杨震四知

【浅释】东汉鲁恭担任中牟县县令。邻近各县蝗灾泛滥，而中牟县却没有蝗害。他的上司河南尹袁安令下属肥亲（人名）来视察。肥亲和鲁恭一同在桑树下休息，有一只雉鸡从一个小孩身边经过，肥亲问小孩：『什么不捉雉鸡？』小孩子回答说：『现在雉鸡正在带小雉鸡，不能捉。』肥亲听了也不再视察了，对鲁恭说：『蝗虫不飞到你们县界，德化施及到飞禽，小孩子有仁爱之心，这是三桩奇特的事。』说完便告辞鲁恭回郡复命。○杨震被派到东莱担任太守，途中经过昌邑，他所举荐的荆州秀才王密在这里做县令，夜里揣着十斤金子来赠给杨震。杨震指责他说：『作为老朋友，我了解您，您却不了解我，这是为什么？』王密说：『夜里没人知道这事。』杨震说：『天知道，地知道，我知道，你知道，怎么说没人知道呢？』王密听到后非常羞愧地离开了。

邓攸弃子　郭巨埋儿

【浅释】晋朝邓攸带家属逃亡时。路上遭遇敌兵，儿子和侄儿不可能同时庇护，必须舍弃一个。由于他弟弟早死，只留下这个侄儿，他便硬了心肠把儿子捆在树上，自己背着侄儿逃走。东晋元帝时，他担任吴郡太守，为官清廉，后官至吏部尚书。死时仍旧没有儿子。当时，人们都很怜悯他，叹息说：『天道无知，使邓伯无儿。』○汉朝郭巨，家

道贫寒，养不活老母。他母亲心疼孙儿，每次吃饭，总要分一点给孙儿吃。郭巨夫妇看到后，便感到留着儿子会让母亲挨饿，就商量说：『儿子今后还能够再生，而母亲倘若死了，就永远不会再有了。』于是夫妇俩便决定将儿子活埋了。他俩挖地三尺多深，突然发现一罐金子，上面有一排红字：『天赐孝子郭巨，官不得夺，人不得取。』

公瑜嫁婢　处道还姬

【浅释】宋代钟离瑾字公瑜，担任德化县知县。因为女儿即将出嫁，所以便买了个婢女陪嫁。没多久，他发现这个婢女原来是前任知县的女儿，于是便把她作为自己的女儿出嫁了。〇五代末，陈国大乱。驸马徐德言和妻子乐昌公主觉得夫妇即将离别了，便摔破一面镜子，夫妇各拿一半，相约乱平后的正月十五日在街上卖镜。陈国被灭后，乐昌公主成为隋朝越国公杨素（字处道）的家姬。那年上元节，公主命家奴去市场卖破镜，价格定得相当高。徐德言看到后，便合镜题诗：『镜与人俱去，镜归人不归。无复嫦娥影，空留明月辉。』杨素得知后，便请徐德言去见他，把乐昌公主送还给了徐德言。这便是破镜重圆的典故。

允诛董卓　玠杀王夔

【浅释】东汉末年，董卓专政，为了和反对派抗争，他纵火烧毁了东汉国都洛阳附近数百里地方，挟汉献帝到长安，自立为太师。当时的司徒王允觉得这是个大祸害，便暗中拉拢董卓手下的猛将吕布，设计把董卓杀了，把他的尸体弃于市上。〇南宋时四川利司的都统王夔，暴虐凶残，不服从上级，四川老百姓在他的统治下处在水深火热之中。后来朝廷派余玠担任四川安抚制置使，余玠便设计杀了王夔。余在四川十多年政绩显赫，曾溃败入川的蒙古军。

石虔矫捷　朱亥雄奇

【浅释】东晋桓石虔，动作相当轻捷，没有人能和他相比。有一次，他和父亲桓豁一起围猎，一只老虎中了箭，受伤倒在地上。将领们怂恿他把老虎身上的箭拔出来，他真的上前拔出一支箭来。后来，他跟伯父桓温入关，作战十分英勇，威镇敌营。一次，他的叔父桓冲陷入敌阵，身边的将帅没一个敢去救他，桓温便对石虔说：『你的叔叔身陷敌阵，你知道吗？』石虔听了意气激昂，扬鞭跃马在几万敌军中，没有谁能抵挡他，就这样他把桓冲救

了出来，全军都非常钦佩他。〇战国时朱亥是个力士，隐居在屠宰铺里。侯嬴把他举荐给信陵君无忌，后来信陵君窃兵符救赵，唯恐魏国老将晋鄙不接受命令，便把朱亥也带去了。当晋鄙表示猜疑不想交出兵权时，朱亥拿出袖里藏着的四十斤铁锥，一下把晋鄙打死，夺取了他的兵权，便率兵抗秦，秦军溃败，赵国得救。

平叔傅粉　弘治凝脂

【浅释】三国时何晏，字平叔，是魏国大臣，自小被曹操收养，是一位俊美男子，脸非常白。魏明帝怀疑他脸上抹了粉，那时正值夏天，便赐他吃热汤面。吃完汤面，满头大汗，便用衣服擦汗，这时脸色更加白皙。〇晋朝杜乂，字弘治，皮肤十分洁净，著名书法家王羲之看到他之后，赞誉说：『面如凝脂，眼如点漆，真是神仙中的人物。』

伯俞泣杖　墨翟悲丝

【浅释】汉朝韩伯俞，对他母亲十分孝敬。有一次，他做错了事，母亲打他，他哭了。母亲很奇怪，说：『我过去也打过你好几次，你都没哭，今天为什么哭泣？』伯俞对他母亲说：『以前您打我，我会感到疼，知道母亲身体健康，有力气；今天您打我没有觉得疼，发现母亲体衰力弱，因此我心里难过，才哭泣。』〇墨翟即墨子，战国时宋国人，是墨家学派的创始人。有一次他看到染丝，就叹息说：『把丝放进青色的染料里染，就成青丝，放进黄色的染料里染，就成了黄丝，放进五彩颜料里染，就成了五彩颜色的丝。用不同的颜色染就有不同的结果，因此办事一定要谨慎。不只染丝这种事，治理国家也是要如此。』三国时的文学家阮籍诗：『杨朱泣歧路，墨子悲练丝。』就是讲的这件事。

能文曹植　善辩张仪

【浅释】曹植，字子建，是曹操的第三个儿子。他十岁就会做文章，才思敏捷，落笔成章，深受曹操宠爱，想把他立为太子，之后却失宠。『七步成诗曹子建』这个著名的典故，就是赞赏他的才华的。〇张仪是战国时魏国人。他与苏秦都是鬼谷子的学生。他主张连横，使六国割地事秦，是秦、魏两国的宰相，纵横家的代表人物之一。在秦国受封武信君，年轻时他地位卑微，有一次跟随楚国国相参加宴会，别人诬赖他偷了珍贵的璧，他被打得遍体鳞伤，回家后便问妻子：『我的舌头还在吗？』妻子说『在』，张仪便放心了，说：『只要舌头在就

行。』后来，他就是凭借这张能说会道的嘴游说秦国国君而获得显达的。

温公警枕　董子下帷

【浅释】司马光是北宋著名的史学家，字君实，世称『涑水先生』。哲宗时担任宰相，在高太后支持下，取消王安石新政，任用一批守旧派大臣。为相八个月逝世，追封温国公。他年轻时学习刻苦，博览群书。为了挤时间读书，他睡觉便用圆木做枕头，小睡时只是欹枕休息。睡熟了，圆木枕头便会转动，他就会惊醒，继续苦学。这枕头则被称之为『警枕』。○董仲舒，西汉思想家，年轻时钻研《春秋》，景帝时为博士，潜心研究孔子学说。为了研究学问，他放下帷帐诵读经书，三年时间，眼睛都不向花园里瞟一眼。后来他提出罢黜百家，独尊儒术的建议，被汉武帝所采纳。

会书张旭　善画王维

【浅释】唐朝著名书法家张旭，字伯高。他精于书法，特别是草书最为出名。嗜好饮酒，每次喝醉了，就大呼大叫，发疯似的奔跑，这时才下笔写字，有时甚至用头发醮墨水写字，醒了看自己写的字，似乎当时有神灵相助一样。当时人把他称为『张颠』，尊他为『草圣』。他的草书、李白的诗歌和裴旻的舞剑，被时人并称为『三绝』。○唐朝诗人王维字摩诘，曾担任尚书右丞，世称王右丞。他的诗画都十分有名，宋代以诗文书画著名的苏东坡赞誉他的诗画说：『味摩诘之诗，诗中有画；观摩诘之画，画中有诗。』

周兄无慧　济叔不痴

【浅释】春秋时期，晋悼公，名周，兄长是个痴人，不能分辨菽（豆类）麦，不能当国君，臣下们就把晋悼公立为国君。○晋朝王湛，是王济的叔父。他平生不愿展现自己，别人都把他当作呆子。有一次王济去看望他，看见他床头放了一本《易》就跟他谈《易经》。王湛对《易经》的剖析相当透彻，王济听后感慨说：『自己家中出了一位名士，居然三十年都没发现！』就把他举荐给晋武帝，从此开始知名。王湛三十八岁了才出仕当官。

杜畿国士　郭泰人师

【浅释】东汉末年杜畿从荆州回京，会晤侍中耿纪。尚书令荀彧住在耿纪隔壁，夜里听到杜畿的话，感觉杜畿这

个人很不寻常。第二天早上荀彧就派人对耿纪说：『假如知道有国士却不向朝廷推荐，我们还凭什么担任现在这样的职务呢？』之后荀彧见到杜畿就像见到老相识一样，于是就向朝廷举荐杜畿。○郭泰是东汉末名士，朝廷几次召他为官他都不应召，只是在家教书。他学识渊博，精通经典，品德高尚，很受推崇。魏昭年幼时，要求服侍郭泰，替他打扫庭院，做点卫生工作。郭泰对他说小孩子应该认真读书钻研书本，为什么要这样来靠近我。魏昭回答说：『经师易获，人师难遇。欲以素丝之质，附近朱蓝。』意思是说，找教授经典做学问的老师容易，而找品德崇高，能够指导自己怎样做人的老师却很难。

伊川传《易》　觉范论《诗》

【浅释】程颐，字正叔，北宋哲学家，理学的奠基人。他授学三十年，学生很多，因他是洛阳伊川人，所以被世人称为『伊川先生』。他对《易》很有研究，著有《伊川易传》。○宋朝有个名叫彭觉范的人出家做了和尚，很会做诗。有个师弟叫做超然，为人谨慎忠厚，也擅长议论诗歌问题，曾说过：『诗贵得于天趣。』彭觉范便问他：『何以识其天趣？』超然作个比喻说：『能知萧何所以识韩信，则天趣可识矣。』彭觉范终究不能被超然折服。

董昭救蚁　毛宝放龟

【浅释】汉朝董昭横渡钱塘江时，看到江面上浮着一枝短的芦苇，上面有一只大蚂蚁，董昭便牵着芦苇到岸边，这只巨蚁获救了。相传后来董昭被人诬陷，关在杭州的监牢里，有许多蚂蚁来把他的枷锁咬断了，董昭便逃出监狱，到山中避祸去了。○晋朝毛宝，十二岁时看到一个渔夫捕到一只白龟，感觉很新奇，便用钱买下放生。后来毛宝做了邾城守将，与石虎交战，打了败仗，便要投江自杀。到了水中脚下踩到一样硬硬的东西，浮渡到了岸边，才知道是他先前放生的白龟救了他的命。

乘风宗悫　立雪杨时

【浅释】宗悫，字元干，南北朝时南阳人。他有『愿乘长风破万里浪』的志向，在南朝时期的宋担任豫州太守，清廉奉公，秋毫无犯，离任回家时只带着枕头、被褥等非常简单的行李。后受封为洮阳侯。○北宋哲学家杨时，字中立，是程颢、程颐的学生，学者把他称为『龟山先生』。有一次，他官职变动，也不去接任，到颍昌以拜师

之礼去见程颢，相处得很愉快。程颢去世以后，他又去洛阳跟程颐学习，那时杨时已经是四十岁的人了，侍奉程颐却十分恭敬。有一天，程颐偶然坐着小睡，杨时站在旁边陪着没有离开。程颐醒了，看到他还站在身旁，便让他退去。这时门外积雪已经有一尺深了。

阮籍青眼　马良白眉

【浅释】阮藉，三国末魏诗人，字嗣宗，『竹林七贤』之一，与嵇康齐名。他博览群书，尤其爱读《庄子》。嗜饮酒，时常喝醉了借撒酒疯避难。他鄙视礼教，很看不起礼俗之士，用白眼看他们，而对他喜欢的人就青眼相看。○马良，字季常，弟兄五个都由于才华出众而出名。马良眉毛中有白毛，乡邻们说：『马氏五常，白眉最良。』刘备称帝后任命他担任侍中一职。彝陵之战中刘备兵败，他也遇难了。

韩子《孤愤》　梁鸿《五噫》

【浅释】韩非，战国末思想家。原是韩国公族，曾屡次向韩王提议变法图强，没有被采纳，就发愤著书立说，写了《说难》、《孤愤》等书，共十余万字。秦王嬴政见了认为是古人著作，恨不与他同时。李斯便告知秦王韩非是他的同学，秦王就给韩王写信，要韩王把韩非送来。后来韩非被李斯、姚贾诬陷，冤死在秦国的牢狱中。○东汉梁鸿，字伯鸾，是位气节之士。他精通书史，在上林苑牧猪，受当地人尊崇，娶同县孟光为妻，隐居在霸陵山中，以耕田织布为生。后出关路过洛阳，看到统治者奢侈豪华，他看不惯便写了《五噫歌》嘲讽统治者。歌词是『陟彼北邙兮，噫！顾览帝京兮，噫！宫室崔嵬兮，噫！人之劬劳兮，噫！辽辽未央兮，噫！』由于五句歌的句尾都有个『噫』字，因此称『五噫歌』。汉章帝听了非常生气，便派人到处找他，他就更名换姓隐居在齐鲁之间，以替人做长工舂米为生。

钱昆嗜蟹　崔谌乞麋

【浅释】宋朝钱昆非常喜欢吃螃蟹，有人问他最大的心愿是什么，他回答道：『但得有螃蟹，无通判处亦可矣。』○北齐时西河郡太守崔谌倚仗他弟弟的权势，向李绘索取麋角、鹡鸰羽，李绘回信断然拒绝，而且狠狠地讥讽他。回信说：『鹡鸰有六羽，飞则冲天，麋有四足，走便入海。下官手足迟钝，不能远追飞走，以事佞

人！』让崔谌自讨没趣。

隐之卖犬　井伯烹雌

【浅释】晋朝吴隐之的女儿即将出嫁，他的朋友谢石清楚他家里贫困，便想移橱帐帮他筹办陪嫁的妆装。派去的人到吴隐家里，只看见他家的婢女牵一条狗到外面卖，此外什么都没有准备。〇百里奚，字井伯，春秋时人。家里很贫困，在楚国作苦役。后来，秦穆公了解他的才能，便派人用五张黑羊皮的身价把他买下。到了秦国，便封他做了丞相。他的妻探听到他已经在秦国做了大官，便到秦国去。有一天，百里奚坐在大厅堂上喝酒作乐，一个女人弹琴唱歌，歌词是：『百里奚，五羊皮。忆别时，烹伏雌，饮扊扅。今日富贵忘我为？』听到那歌词说的是自己的事，他便详细询问，仔细看眼前这个女人，原来是以前的妻子。于是夫妻相认。

枚皋敏捷　司马淹迟

【浅释】西汉枚皋，十七岁时向梁共王上书，梁共王就任命他为郎官。枚皋年轻，才思敏捷像他父亲一样喜欢写赋颂，写作速度非常快。当时著名文人扬雄说：『军旅之际，戎马之间，飞书驰檄，则用枚皋。』意思是说战争期间，军事紧急，不能迟缓，写军中文书，告示之类必须使用写文章的快手，枚皋再合适不过了。〇西汉司马相如也是写赋的好手，写了很多辞赋名篇。汉武帝开始读他的辞赋时，认为是古代名家，恨不与他同时。后来了解到他是自己治下的文人，便召见他，让他作赋，非常宠爱他。司马相如的辞赋典雅温丽，文采斐然，但构思很慢，要花很长时间。《文心雕龙·神思》说：『相如含笔而腐毫。』构思时把笔上的毛含在嘴里都含烂了，可见构思之慢。这两则故事表明写文章快有快的用处，慢也有慢的好处，是不能依据速度定高低的。

祖莹称圣　潘岳诚奇

【浅释】南北朝时北朝的祖莹，字元珍，八岁时就能诵读《诗经》、《尚书》两本很深奥的儒家经典。这除了他的聪明之外，还与他的勤奋刻苦分不开。家里不让他晚上苦读，他便把灯光遮盖起来偷偷看书，当时人们都称誉他不同凡响，是『圣小儿』。〇晋朝潘岳字安仁，文章辞藻华丽，人长得俊美有风度。小时候他带着琴坐车出门，车子行走在洛阳街道上，很多妇女都把水果等好吃的东西扔到车里，满载而归。不管是邻里还是县城的人都

把他称为奇童。

紫芝眉宇　思曼风姿

【浅释】唐明元德秀，字紫芝，玄宗天宝年间担任鲁山县的县官，天下人对他的德行有很高的评价，敬重他的为人，当时宰相房琯说：『见紫芝眉宇，使人名利之心都尽。』意思是说只要看他一眼便会超俗脱凡。由此可见一个崇高的人格对别人的良好影响是难以估量的。〇南朝张绪，字思曼，他气度幽雅，姿态娴静。齐武帝时，益州刺史向朝廷进贡产在四川的一种柳树。这种柳树的枝条，像丝缕一样细长，微风一吹，那飘柔的姿态美极了。武帝把它种在灵和殿前，观赏玩味，感慨地说：『此柳风流可爱，似张绪当年。』

毓会窃饮　谌纪成糜

【浅释】三国时著名书法家钟繇，有次正在午睡，突然看到他的两个儿子钟毓和钟会走到自己房间偷酒喝。他依旧装睡，看这两个宝贝儿子干什么，只见钟毓对酒拜了拜才喝下去，钟会没有拜便把酒喝了。之后，钟繇问他两儿子，为什么一个喝酒前要拜一拜，而另一个则拜也不拜就把酒喝了。钟毓说：『酒以成礼，不敢不拜。』钟会回答：『偷窃非礼，所以不拜。』〇陈谌、陈纪是东汉太丘长、名士陈寔的儿子。在他们小的时候，有个客人来拜访陈寔。陈寔就交代两个儿子去做饭，他和客人说话。这个客人能说会道，两人聊得很热烈。吃饭的时间早已过去了，但是饭还没上桌。陈寔就问两个孩子为什么迟迟不把饭盛出来，陈纪跪着对父亲说：『父与客语，儿辈窃听，炊饭忘放箄，今已成糜。』原来是偷听父亲和朋友讲话，蒸饭时忘了放箄，把干饭煮成了稀粥，因此不敢拿出来。父亲问儿子，刚刚偷听我们讲话有没有收获？儿子便跪着把偷听到的话重复了一遍，一字不漏。陈寔说：『如此糜亦好，何必饭？』之后兄弟俩都很有学问，人们把他们父子并称为『三君』。

韩康卖药　周术茹芝

【浅释】东汉韩康，字伯休，经常在长安市场上卖药，三十多年从不讲价。有一次，一个姑娘向韩康买药，由于她不认识韩康，便想讲价，韩康不愿让价，这姑娘很生气，说：『公是韩伯休耶？乃不二价乎！』韩康说：『我本欲避名，今小女子皆知我名，何用药为！』从此就不再卖药了。汉桓派人请他去当官，他不接受，便逃到霸陵

山中隐居。○周术，号用里先生，同东园公、绮里季、夏黄公一起在商山隐居。当时这四个人胡子眉毛全都白了，大家便把他们称为『商山四皓』。汉高祖刘邦派使者礼聘他们，他们昂首向天，长叹一声，唱道：『哔哔紫芝，可以疗饥。唐虞往矣，吾当何归？』这首歌就是《紫芝曲》，暗示汉朝已不再是他们理想中的唐虞盛世，所以无意出山。

刘公殿虎　庄子涂龟

【浅释】北宋刘安世，字器之，他担任谏官，敢于向皇帝提意见。当他和皇帝争辩时，皇帝旁边的侍从和一些大臣都站在稍远处观看，不敢靠近，个别胆子小的还吓得发抖，浑身冒冷汗。人们称他是『殿上虎』。○战国时道家学派的代表人物庄周，人称庄子。一次，他在濮水边钓鱼，楚威王派两个大夫向他传话说楚威王希望把政事委托给他，庄子看也不看一眼，继续钓鱼，说：『我听说楚国有只神龟已经死了三千年了，君王把它的壳盛在匣子里，用红布包裹着，供在庙堂之上。请问，这只龟是留下龟甲让人恭恭敬敬地供在案头上好呢，还是让它拖着尾巴在烂泥地里爬好呢？』两位大夫说：『当然活着好。』庄子说：『那就请你们离开吧！我还是宁愿拖着尾巴在烂泥地里爬啊！』

唐举善相　扁鹊名医

【浅释】战国时梁国人唐举，擅长看相，蔡泽是燕国人，是位游说人士。一次蔡泽找唐举看相，对唐举说：『富贵吾所自有，所不知者寿也。』唐举说：『先生之寿，从今以往者四十三岁。』蔡泽听了满意地向他告别。后来蔡泽到秦国以他的口才游说了应侯，应侯把他推荐给秦王，拜为上卿。不久做了宰相。○扁鹊姓秦，名赵人，是战国时著名的医生。一次魏文侯问扁鹊：『你兄弟三人，谁的医术最为高明？』扁鹊说：『伯疗医，但治其表，名不出于家；仲治其毫，名不出于闾；若臣者，则能血脉，投毒药敷肌肤间，故能闻于诸侯。』

韩琦焚疏　贾岛祭诗

【浅释】宋朝韩琦担任了三年的谏官，他想将所保留的奏疏草稿，整理起来烧毁保密，他这是效仿古代名臣如晋代羊祜等人的做法。○唐朝诗人贾岛早年为僧，后来结识韩愈，才还了俗。他是位苦吟诗人，五言律诗是其特长，经

常有好句。晚年时，他常在除夕这天把一年中所做的诗集中到一起，以酒肉祭诗，说：『劳吾精神，以是补之。』

康侯训侄　良弼课儿

【浅释】宋朝胡安国，字康侯，崇安（今武夷山市）人，年轻时考中进士，提举为湖南学事，担任省一级的学官。他学习刻苦，注重实践，著有《春秋传》及《通鉴举要补遗》等书。他有个侄儿胡寅，年幼时非常淘气，有些小聪明，谁也管制不了他。胡安国就把这个侄儿关在空阁里，阁中放着千卷书。一年多时间胡寅就把这些书读完，并且还能背诵，后来胡寅也中了进士，是一位忠义之士。〇宋朝余良弼以善于教子出名，他曾写一首诗教导他的儿子，诗中说：『白发无凭吾老矣，青春不再汝知乎？年将弱冠非童子，学不成名岂丈夫！』勉励儿子勤奋读书。

颜狂莫及　山器难知

【浅释】南北朝时南朝宋的知名文人颜延之，字延年，文章盖世，与谢灵运齐名。他的儿子颜峻权位很高，宋文帝问他各个儿子的才能，他说：『竣得臣笔，测得臣文，表得臣义，曜得臣酒。』文帝问：『谁得卿狂？』延之答道：『其狂不可及。』狂，性激其，言无忌纬。〇西晋山涛，字臣源，是『竹林七贤』之一。年轻时气量就很大，与常人不同。做了十几年的吏部尚书，廉洁无私；选拔人才都是一时之选，非常恰当。羊祜与晋武帝商讨进取东吴的事，他说：『外宁必有内忧，释吴以为外惧，岂非算乎？』当时的人都钦佩他眼光长远，有胆识。

懒残煨芋　李泌烧梨

【浅释】唐朝高僧明瓒，号懒残，在衡山石窟中隐居。德宗皇帝命使者去石窟中宣召他进京，使者进到石窟时，懒残和尚还在拨牛粪的火煨芋吃，不愿应诏进京。〇唐肃宗半夜坐在宫中，宰相李泌陪伴着他。那时李泌正在修炼，不吃米谷之类的食物，肃宗皇帝就亲自给他烧梨吃。

干椹杨沛　焦饭陈遗

【浅释】东汉末年，杨沛担任新郑的长官，督促老百姓储存桑椹、豆类等，积攒了一千多斛。当时曹操担任州刺史，接汉献帝进京，所率领的一千多人没有粮食吃。这支人马路过新郑时，杨沛就将这批干桑椹、豆类送给曹操，曹操大为欣喜。〇晋朝陈遗，吴郡人。他的母亲喜欢吃锅底的焦饭。当时他担任郡主簿，每次煮饭，都把焦

饭收藏在袋子里带回去给母亲吃。有一次贼人进攻吴郡，很多逃难到荒山野岭的人，由于没东西吃，结果给饿死了。只有陈遗，由于有焦饭充饥，幸存了下来。

文舒诫子　安石求师

【浅释】东汉王昶，字文舒，他曾经写了一封信教导他的儿子：『夫物速成则疾亡，晚就则善终。能屈以为伸，让以为德，弱以为强，鲜不遂矣。人或毁己，当退而求之于身。』司马懿称其德才兼备。○宋朝改革派首领王安石，是唐宋八大家之一。他思考问题的方法和常人不同，一次他想替小孩子找一位教书先生，要求这位先生是学识渊博、品德崇高的读书人。大家都感到奇怪：找一个启蒙老师，教孩子认几个字罢了，何必如此费事！有个人就问王安石说：『发蒙何必如此？』王安石说：『先入者为主。』就是说启蒙老师是打基础的，基础怎么样，对孩子未来影响很大。假如小时候老师把书教错了，以后孩子想改正就要花费几倍的功夫，不可不慎重。

防年末减　严武称奇

【浅释】汉景帝时，曾有一起疑难案件，案犯叫防年，由于他的继母杀死了他父亲，因此他把继母也杀了。当时被定认极刑。景帝犹疑这个判决是不是合理，一时难以决断。恰巧这时十二岁的太子刘彻在旁边，对景帝说：『继母如母，因父之故。今继母杀其父，母道绝矣，是父仇也，不宜以大逆论。』他这个分析十分正确，景帝便听从了。防年因此能够得到减刑的裁决，免于一死。○唐朝严武，字季鹰，是中书侍郎严挺之的儿子。严武八岁时，他父亲宠爱小妾玄英，把严武的母亲抛在一旁，小严武为他母亲深感不平，便趁玄英熟睡时，潜入她的卧室，用铁锤砸碎了她的脑袋。严挺之身边的仆人吓得要死，把这事报告给严挺之，但只是婉言说小孩子作游戏不小心杀死了玄英。严挺之把儿子叫来问他为什么杀玄英，严武也很诚实地告诉他父亲为什么要杀玄英。严挺之很惊奇，说：『真是我严挺之的儿子』。天宝中，严武为剑南节度使，与杜甫私交很好。杜甫曾登上他的坐榻，说：『只有严挺之才有这样的儿子。』

邓云艾艾　周曰期期

【浅释】艾艾、期期都是形容口吃的人说话的样子，也就是现在所说的『结结巴巴』。邓艾是三国时魏国将领，

字士载。他说话结巴，然而回答问题却非常敏捷。有一次他和钟会相见，钟会知道他口吃，就开玩笑说：『卿称艾艾，能有几艾？』邓艾回答说：『凤兮凤兮，固有一凤。』〇周昌是西汉初年的大臣，和刘邦是同乡，是位直言敢谏的人。刘邦想废掉太子刘盈，他坚决不同意，和刘邦争辩。刘邦要他给出不同意的缘由，他说话结巴，很恼怒地说：『臣口不能言，然期期以为不可。陛下欲易太子，臣期期不奉诏！』这句话中几个『期期』把一个口吃的人着急时的神情、语气描绘得相当生动。

周师猿鹄　梁相鹓鸱

【浅释】晋葛洪，号『抱朴子』，广读诗书，元帝时，被召为丞相。他著的《抱朴子》中有一个神话故事，说周穆王带师南征，一军尽化，君子为猿为鹄，小人为虫为沙。〇战国时惠施做了梁国的国相，庄子去看他。有人对惠施说庄子来这里是想窜夺相国宝座的。惠施听了很惊恐，就派兵在国内搜捕庄子，搜了三天三夜也没找到。之后还是庄子自己找上门来，他对惠施打一个比方说：『南方有鸟，名鹓雏（凤凰），你知道吗？它从南海出发，飞往北海，不是梧桐树不休息，不是竹实不吃，不是甜美的泉水不饮。有一次一只猫头鹰找到一只腐烂的老鼠，鹓鸰刚好从它头上飞过，猫头鹰仰起头来，叫了一声「吓！」你是想用这梁国来吓唬我吗？』

临洮大汉　琼崖小儿

【浅释】秦始皇二十六年，在临洮出现了十二个巨人。他们个个都身长五丈，脚上的鞋有六尺长，他们都穿着蛮夷的衣服。这一年秦始皇才把六国全吞并了，觉得临洮出现十二个巨人是个好征兆，于是就把天下的武器熔铸为十二个铜人。〇宋朝李守忠遵奉皇帝的命令到琼崖去，碰见杨避举，杨把李守忠请到家里。杨避举的叔父、伯父都已经一百二十多岁了，他的祖父一百九十五岁。抬头看房梁上有个鸡窝似的建筑物，其中有个像小孩一样的人，杨避举说：『这人是杨家前代祖先，不说话也不进食，不知道到底已经活了多少年了。』

东阳巧对　汝锡奇诗

【浅释】明朝李东阳，是一位著名的文学家。他小时聪慧过人，被举为神童。有一次皇帝召见他，由于年纪小，宫殿门槛高，他跨不过来，皇帝见了，说：『神童足短。』他回答说：『天子门高。』竟然对得很工整。皇帝把

他抱在膝上，他的父亲还跪伏着向皇帝行礼。皇帝想为难一下李东阳，就问他：『子坐父立，礼乎？』他回答说：『嫂溺叔援，权也。』竟然引经据典来了一个巧对。皇帝又说：『螃蟹浑身甲胄。』他回答说：『蜘蛛满腹经纶。』不但把一个动物对上，并且还巧妙地暗示自己『满腹经纶。』〇宋陈汝锡小时聪慧过人，曾把自己做的一联诗句拿给大诗人黄庭坚看，诗中说：『闲愁莫浪遣，留为痛饮资。』黄庭坚看了对他称赞不已。

启期三乐　藏用五知

【浅释】孔子游览泰山，看到一个人在弹琴唱歌，悠然自得，孔子问他：『先生为什么如此快乐？』那人答道：『我有许多快乐的理由：天生万物，人最尊贵，我能够做人，这是一乐；人分男女，男尊女卑，我能够做男人，这是二乐；有的人出生后连日月也无缘看一眼就去世了，我现在年将九十，这是三乐。穷困是读书人的常事，死是人生的终止，我现在过着平常人的生活，颐养天年，还有什么不快乐的？』这位和孔子对话的乐观主义者就是荣启期。〇李朝李绎，体格健壮，推崇气节，自号『五知』，著了一篇《五知先生传》，『五知』即知时、知难、知命、知退、知足。

堕甑叔达　发瓮钟离

【浅释】汉朝孟敏，字叔达，为人果断刚直。一次他去太原，蒸饭用的陶甑忽然摔在地上，摔得粉碎，他连看都不看一眼继续前行，当时一位大名士郭泰看见了，就问他原因，他回答说：『已经破了的甑，看了有什么用呢？』郭泰被他反问住了，感到这个人很不寻常。〇汉朝钟离意想要做鲁王的国相，整修孔子庙的时候，他的下属张伯在殿堂上除草，拾到七枚玉璧，他把六枚上交钟离意，把一枚暗地里留给自己，殿堂下还有一个瓮，不知里面是什么。钟离意把它打开，看到有一块用红漆写的竹简，上面写着：『后世修我书，广州董仲舒。护我车，试我履，发我笥，会稽钟离意。璧有七，张伯怀其一。』这个典故把孔子写成了一个未卜先知的仙人，明显是后人编造的，因为孔子原本就不讲什么奇特的东西。

一钱诛吏　半臂怜姬

【浅释】宋朝张咏担任崇阳县的县令，有一个管仓库的小吏从仓库出来，鬓边有一枚库钱。张咏看到了，认为

这是盗窃国库，便下令打他几棍，谁知这库吏竟然顶撞说：『一个铜钱算什么？你能够打我棍子，却不能够杀我！』张咏见他犯了法还这么猖狂，目无国法，便提笔写判决书说：『一日一钱，千日千钱，绳锯木断，水滴石穿。』写好判词便拔剑亲自把库吏杀了。然后他也向上级机关写报告，反省自己没有依法律办理库吏盗窃公款的行为。○宋朝宋祁曾经和许多姬妾在锦江宴乐。天冷要穿衣，但不知穿哪个姬妾送来的，他怕姬妾说自己偏心，厚此薄彼，只好谁送来的也不穿，忍冻回府。

王胡索食　罗友乞祠

【浅释】晋朝王胡之，字修龄，有一段时间曾住在东山，过着十分简朴的生活。当时乌程县的县令陶胡奴了解到他家境贫寒，生活艰苦，便派人送一船米给他。王胡之认为陶胡奴的东西不能接受，便不客气地谢绝了不明不白的馈送。○晋朝罗友年轻时好学不倦，而且喜欢向人讨祭祀之后的酒食吃。大将军桓温认为太丢面子了，便斥责他说：『求食为何不至桓府？』谁知罗友竟然傲慢地说：『就公乞食，今乃可得，明日已复无。』桓温听了大笑起来，便上书举荐他为官。

召父杜母　雍友杨师

【浅释】汉朝召信臣，担任上蔡县县令时，爱民如子，当地民众都很拥戴他，爱他就像爱自己的父亲一样，把他称为『召父』。又，东汉杜诗，光武时被提拔为南阳太守。他在自己的管辖区内除暴安良，免除老百姓的徭役，老百姓十分感激他，把他称为『杜母』。○南宋抗金名将张浚问杨用中：『你曾在梁洋一带当官，那地方有人值得我去结交吗？』杨用中回答说：『杨仲远可以为师，雍退翁可以为友。』由此可见古人择友非常严谨。

直言解发　京兆画眉

【浅释】唐太宗时，贾直言和父亲将要被流放到南海，临行前贾直言跟妻子诀别，他认为不应该连累妻子受苦，便对妻子董氏说：『生死不可期，我去你亟嫁。』让董氏不要等他，赶快出嫁。董氏一句话也不说，用绳子把头发扎起来，再用头巾封住，以表自己不嫁的决心。○汉朝张敞担任京兆尹，赏罚分明，当地有权势的人物，都规规矩矩，不敢胡作非为，欺压良民。张敞曾替他的妻子画眉毛，执掌弹劾的官员便把这事上奏给皇上。汉宣帝便

问张敞有没有这回事，张敞答道：『臣闻闺房之内，夫妇之私，有过于画眉者。』汉宣帝由于爱他的才华，没有再追究他。

美姬工笛　老婢吹篪

【浅释】晋朝石崇有个名叫绿珠的姬妾，貌比天仙，又擅长吹笛，石崇对她很是宠爱。〇王琛担任秦州刺史时，当地发生羌人叛乱，王琛带军镇压，久攻不下。一天，王琛突然想起府里有一个老婢女，擅长吹篪。王琛便让她化装成贫苦的老太婆，吹篪行乞，那些羌人听见她吹篪的声音，便落下思乡的泪水，无心再战，很快都投降了。

五　微

敬叔受饷　吴祐遗衣

【浅释】何敬叔是南北朝时长城县的县令，为政清廉简约，不骚扰老百姓，不接受下级官吏或有钱人家的馈赠。有一年，这个县粮食歉收，许多老百姓都在挨饿，但租税不能不交，这使何敬叔非常为难。正当他计无所出，万分焦虑的时候，忽然心里一亮，想出了一个主意：在家门口贴上一张榜文，宣布最近几天，他准备接受馈赠，那些多年来都想跟他拉关系、套近乎而又苦于无缝可钻的人得知这个机会都欣喜若狂，纷纷上门送礼，只几天时间，送来了二千八百石米。何敬叔就用这些米替贫民交纳租税，自己不留一颗。〇汉朝吴祐当胶东王的国相，为政简约，提倡仁恕，下属也不敢徇私舞弊。曾经发生过这样一件事：他的一个下属私自用老百姓的钱买衣服孝敬父亲。他父亲知道了，非常愤怒，责令儿子向长官自首。这名下属向吴祐自首后，吴祐严肃地批评了他，要他回去向父亲请罪，同时仍然把那件衣服送给属吏的父亲。

淳于窃笑　司马微讥

【浅释】淳于髡是战国时齐国人，为人滑稽。一次，楚国攻打齐国，齐威王派淳于髡到赵国请救兵，让他带一百斤黄金和十辆由四匹马拉的车送给赵王。淳于髡闻之抬头大笑，齐威王问他为什么笑，他便说了一个故事：一个农夫用一点猪肉和薄酒祭神，希望神庇佑他来年丰收，粮食满仓，牛羊满野。齐威王听后才明白，原来淳于髡是笑自己送的礼薄而对人家的要求却很高，是所谓『礼薄欲奢』，于是齐威王便把礼物加到黄金千镒，白璧十双，

车马百驷。到了赵国，赵王很高兴，便很慷慨地借十万精兵给齐国。楚国一听到这消息，便连夜撤军回国。〇唐朝卢藏用原来在靠近京都的终南山隐居，后来被武则天召入长安，让他当左拾遗。这是一个言官，专管议论朝政的官员。这时恰好遇到天台山道士司马承祯从长安回山。卢藏用就指着终南山对司马承祯说：『这座山里也有很好的去处，何必要到天台山修炼呢？』司马承祯说：『依我看，这不过是出仕为官最简捷的道路罢了。』卢藏用听了满脸通红，因为这是讽刺他当隐士正是为了当官。

子房辟谷　公信采薇

【浅释】汉初三杰之一的张良，字子房，封为留侯。在帮助汉高祖刘邦取得天下之后，功成身退，与世无争，晚年，他弃官跟赤松子修炼，学习辟谷术，不食人间烟火。〇周武王伐纣，孤竹国国君的两个儿子伯夷（名允，字公信）、叔齐（名致，字公远）拦在路上叩马而谏，认为文王才去世就用兵，是不孝、不仁。武王不听他们的劝说。商纣亡国，他二人认为再吃周王的皇粮是可耻的，便隐居首阳山，采薇（一种野菜）当粮食充饥，最后兄弟俩都饿死在山中。

卜商闻过　伯玉知非

【浅释】春秋时卫国人卜商，字子夏，是孔子的学生。他的儿子年纪轻轻的就死了。子夏非常难过，眼睛都哭瞎了。他的老同学曾子去慰问他，数他三条大罪：『一曰事夫子（孔子）于洙泗之间，退而讲学于西河之上，使西河之民疑为夫子；二曰丧亲使民未有闻也；三曰因丧子而失明。』责备他有假冒孔子之嫌，当了冒牌货；父母死了无声息，都不知道；而儿子死了却把眼睛哭瞎了，弄得人人皆知。子夏听了，赶忙把手里的拐杖扔了，拜了几拜表示认错。〇春秋时卫国大夫蘧瑗，字伯玉，五十岁那一年才知道自己以前四十九年的过错，杨巨源有诗说：『不同蘧玉说知非。』

仕治远志　伯约当归

【浅释】晋朝谢安，曾隐居东山，以后因为朝廷多次征召，他只好出山，担任大将军桓温手下的司马之职。当时有人送草药给桓温，中间有一味药名叫远志。桓温问谢安：『这种药为什么又名「小草」？』谢安还没有回答，

坐在旁边的参军郝隆（字仕治）就抢先回答说：『此甚易解：处则为远志，出则为小草。』他这解释无非是借题发挥，讽刺谢安在山隐居时好像有什么远大的志向，出山了只不过当个司马而已。〇三国时蜀汉的大将姜维，字伯约，他原是魏国将领，为了要立功名，投奔了诸葛亮，因而和他母亲失散。过了很长一段时间，他得到了母亲来信，叫他设法买『当归』。表面上看是叫他买药材当归，实际上是说他应当回家和母亲相聚。姜维接信后便回信对他母亲说：『良田百顷，不在一亩；但有远志，不在当归也。』也用药名语意双关地回答了母亲。

商安鹑服　章泣牛衣

【浅释】荀子说：『子夏之衣，悬结如鹑。』鹑服，就是穷人穿的又脏又破的衣服。〇汉朝王章在读书当诸生（在太学读书的生员）时，一次生病没有被子盖，就用牛衣乱麻编成给牛御寒的遮寒物当被子盖，王章为此而悲伤地对妻子涕泣，妻子喝住他，不让啼哭。后来王章当京兆尹要弹劾王凤，他妻子劝他人当知足，要记住牛衣对泣时。他不听劝告，后来果然被王凤陷害致死。

蔡陈善谑　王葛交讥

【浅释】北宋蔡襄，字君谟，精于吏事，文章精萃，工诗善书，小楷草书为当时第一。陈亚善诗，为人特别滑稽。一次，蔡、陈两人在金山寺相见。酒酣耳热时，蔡襄便在屏风上题字道：『陈亚有心终是恶。』『亚』字加『心』成了『恶』。陈亚立即就向人要了枝笔题上：『蔡襄无口便成衰。』『襄』字去掉『口』就是『衰』。在座的人都笑得前俯后仰。〇晋朝诸葛恢跟丞相王导争论姓氏先后。王导说：『何不言葛王，而言王葛？』诸葛不服，举一个例子反驳他说：『譬如言驴马，不言马驴，驴宁胜马耶？』

陶公运甓　孟母断机

【浅释】晋朝陶侃，字士行，早年孤贫，有节操。担任广州刺史时，在州里闲无事，白天搬100块砖到书斋里，夜晚再搬出去。别人问他为什么这么做，陶侃回答说：『我方致力中原，过于优逸，恐不堪事，故自劳禄。』他是为了将来能够立大业，承担更重要的任务，才锻炼自己的心志，恐怕自己因为安逸而丧失斗志。〇孟子的母亲仉氏，为了使孟子成才，曾三次搬家，目的就是为孟子学习创造良好的学习环境。一次孟子不想读书，却去学宰

猪，孟母非常生气，把正在机上织的布剪断，对孟子说：『你荒废学业，就像我刚才剪断布机上的布一样，前功尽弃了！』孟子听了，理解了母亲的良苦用心，便日夜勤学，终于成了受后人崇拜的『亚圣』。

六鱼

少帝坐膝　太子牵裾

【浅释】晋明帝司马绍是晋元帝司马睿的长子，年幼时聪颖敏捷。有一次他坐在元帝膝上，恰巧长安那边派人来，元帝问他：『你说太阳和长安哪个离这里远？』他答道：『长安近，不闻人从日边来。』元帝听了非常高兴。第二天，他宴请群臣的时候，元帝想让儿子表现一下，又当场问儿子，谁知儿子竟然答道：『日近。』元帝听到后脸色都变了，问他为什么跟昨天回答得不一样，司马绍说：『举头见日，不见长安。』这个回答很巧妙，在大家意料之外，大臣们都认为这孩子很聪慧。○西晋怀愍太子小时候相当聪明，五岁时，一夜宫中失火，武帝上楼察看火势，太子牵着武帝的衣襟，将他拉到暗处，武帝问他原因，太子说：『暮夜仓促，宜备非常，不宜亲近火光，令照见人主。』

卫懿好鹤　鲁隐观鱼

【浅释】春秋时卫国国君懿公非常喜欢鹤，把养鹤当成大事，还让鹤乘车出行。后来，狄国军队进犯卫国，要开仗的时候，卫国老百姓都说：『让鹤去打吧，鹤吃皇粮，有地位，我们算什么，怎么能够作战！』结果卫国打了败仗，卫懿公也被诛杀。○鲁隐公五年，隐公到棠这个地方观赏游鱼。臧僖伯谏曰：『凡物不足以讲大事，其材不足以备器用，则君不举焉。』遂往，陈鱼而观之。臧僖伯称疾，不从。

蔡伦造纸　刘向校书

【浅释】东汉蔡伦，字敬仲，是位宦官。他担任尚书令时，主管制造御用物品。他改进造纸方法，扩大造纸原料，用树皮、麻头、破布、旧渔网造纸，降低了成本，提高了质量。皇帝赞扬了他，并且下令推广他的造纸方法，这种纸在当时称为『蔡侯纸』。○刘向，原名更生，字子政，汉成帝时，他改名为『向』，是西汉经学家、目录学家、文学家。他曾校正修整群书，撰成我国最早的目录学著作《别录》。

朱云折槛　禽息击车

【浅释】西汉成帝时，朱云担任槐里令，上奏皇帝请借尚方剑斩处佞臣张禹。成帝大怒，下令把他拉出去斩首。拉他时，他死命抓住殿槛，结果把殿槛都拉断了。大呼：『臣得从龙逄、比干游地下，足矣。』幸亏这时辛庆忌出面救他，才被赦免。后来，有关人员要修理殿槛，汉成帝不让，说要保留原样，以表彰忠直之臣。○春秋时期，秦国大夫禽息向秦穆公举荐百里奚，秦穆公不接受。秦穆公走后，禽息用头撞大车，连脑浆都流了出来，说：『臣生无补于国，不如死也。』他以死荐贤的做法，让秦穆公顿时觉悟，重用了百里奚，结果秦国很快便强大起来。

耿恭拜井　郑国穿渠

【浅释】东汉耿恭，光武帝时出兵进攻匈奴，率兵占领疏勒城。被匈奴兵包围并断绝了水源，耿恭让士兵挖井，挖了十五丈深还没见水的影子，耿恭整了整身上的衣帽向井行大礼，拜了两拜，顷刻之间，水从地底汹涌而出。汉兵把水高高扬起给匈奴兵看，匈奴兵觉得这是有神灵相助，于是便退兵了。○战国时，韩国想削弱秦国的国力，便派水利专家郑国到秦国游说，劝秦王凿泾水修渠。后来，秦王发现郑国对修渠另有目的，便要杀死郑国，郑国对秦王说：『韩亦不过延数年之命，然渠成乃秦万世之利也。』秦王听了后，认为郑国的话也有一定道理，便继续让他修渠，渠修好后灌溉了农田四万多顷，成为秦国的长久之利。

国华取印　添丁抹书

【浅释】后周太祖郭威与张贵妃的外甥宋曹彬，字国华。在他周岁生日的那天，让他抓东西，以预测孩子未来的前途。当时，小国华左手抓干戈，右手执俎豆，再抓一颗官印，其他东西一眼都不看。这是预示他将来是个当大将的料，因此亲戚朋友们都感到这孩子与众不同。后来他成了宋太祖的大将，平蜀、下南唐、灭北汉，以功授枢密使，封鲁国公。○添丁是唐朝诗人卢仝的儿子，他小时候喜欢用笔在书本上乱涂乱画，常常把书涂得黑黑的，卢仝便作诗为戏道：『忽来案上翻墨汁，涂抹诗书如老鸦。』

细侯竹马 宗孟银鱼

【浅释】东汉郭伋，字细侯，清正廉洁，素来以恩德治理百姓。当地百姓听说他要来并州当官，十分高兴，男女老少，都到路上迎接他。他到下面视察，时常有几百个小孩子骑着竹马在路边欢迎他。〇唐代五品以上的官，都要按等级高低，分别佩用金、银、铜制成的鱼。到宋朝时，蒲宗孟当翰林学士。宋神宗为了提升翰林学士的地位，便说：『翰林职清地近，而官仪未宠，自今宜佩鱼。』身为翰林学士，蒲宗孟是第一位佩银鱼的。

管宁割席 和峤专车

【浅释】三国时魏国管宁，字幼安。年轻时，他与华歆同坐在一张席子上读书，一次门外有辆坐着高官的华丽车子从书斋门前路过，管宁一动不动，依旧聚精会神地读书，华歆却放下书本出去看热闹。管宁很瞧不起华歆的这种做法，就用刀把席子割开，对华歆说：『你不是我的朋友。』从此他们就不坐在一起。后来魏文帝曹丕要封他做中大夫，魏明帝曹睿又要封他光禄勋，他都拒绝了。〇晋朝和峤，字长舆，晋武帝时为中书令，深得皇帝器重，按晋朝规矩：『监、令同车。』但是当时的秘书监是荀勖，和峤平常对这位秘书监的为人很不以为然，便特意在他面前显得很神气的样子，荀勖也瞧不惯他那样的神气，于是便不和他同车。这样一来那辆车原本应该是秘书监、中书令合用的车，便成和峤专用了。

渭阳袁湛 宅相魏舒

【浅释】晋朝谢绚曾经在有许多人的场合，戏弄他的母舅袁湛，非常不敬。袁湛不能忍受，就斥责他的外甥说：『你父昔轻舅，尔今复凌我，岂有渭阳之情！』『渭阳』就是指母舅和外甥。〇晋朝魏舒，年幼时在外婆宁氏家生活，由宁氏抚养成人。宁氏盖房子，风水先生说：『必出贤甥。』魏舒很自负地说：『当为外氏成此宅相。』魏舒在晋武帝时做了司徒。皇帝赐给的东西他全都分给亲友，家里不留什么财产，当时他也是一个位高权重且品德高尚的人。

永和拥卷 次道藏书

【浅释】南北朝时北朝魏人李谧，字永和，只以弹琴读书为正业，把财产托给别人经营，自己只管阅读群书，专

做校订删改的工作，时常感叹说：『丈夫拥书万卷，何暇南面百城。』多次推辞有关方面的征召，不愿做官。○晋朝宋敏求，字次道。喜好藏书，他的藏书都是校正过三五遍的好本子。当时的藏书家中，以他家藏书善本最多。他家住在春明坊，喜爱读书的士大夫都常常租赁他家周围的房子住。

镇周赠帛　虙子驱车

【浅释】唐朝张镇周，在唐高祖武德年间被调任为舒州都督，就任前，他在自己的老宅里宴请亲戚朋友，大家痛饮了十天，他再送客人们钱财布匹，然后说：『今日与亲故宴饮，明日则都督治民，官民礼隔，不复交游。』这就是告诉他们，今天大家是亲戚朋友，明天我是官你是民，公事公办，大家要好自为之。由于事先作了交代，亲戚朋友们都不敢为非作歹，境内秩序井然，社会治安稳定。○春秋时，鲁国人虙不齐，字子贱，到单父做地方官。人还没到单父，当地有权位的人纷纷乘车在半路上迎接他，虙不齐把他们全赶了回去。到单父后，他礼遇当地的老年人，敬重有才德的人，与他们一同治理地方上的事情，达到了垂手而治的境地。孔子赞誉他是君子。

廷尉罗雀　学士焚鱼

【浅释】汉朝人翟公，文帝时担任廷尉一职，掌控全国的司法大权，权位很高，清客满门。后来，翟公被罢了官，这些门客纷纷离去，另攀权贵，翟公府前冷冷清清，门可罗雀。过了很长一段时间，翟公又被任用，昔日的门客又想回到翟府。翟公看透了这些人，讨厌他们趋炎附势，争攀高枝的德性。就在大门上写：『一死一生，乃知交情。一贫一富，乃见交态。一贵一贱，交情乃见。』○南朝学士张褒，在梁天监年间，遭到御史弹劾，说他不称学士之职。张褒勃然大怒，说：『碧山不负我。』就烧毁学士佩带的银鱼，吹着口哨，头也不回地离开了。

冥鉴季达　预识卢储

【浅释】宋朝杨仲希，字季达。在他还是个普通人的时候，客居在成都一户人家里，这家主人的妻子是个年轻妇女，对季达调情，被季达很严肃地拒绝了。一夜，季达的妻子在家里做了一个梦，梦到有一个人告诉她：『汝夫独处他乡，不欺暗室，神明知之，当魁多士。』第二年季达当真中了第一名进士。○唐朝卢储，应进士科考试。按当时习惯，应考者要先将平日所作诗文中最出色的呈送达官贵人，争取受到他们的青睐以提高知名度。他把自

己所作诗文送给尚书李翱，李翱把它放在桌子上，他的长女见了，细阅数遍后对侍女说：『此人必为状元。』恰巧李翱从外面回来，才走到门外，听见了这话便招卢储为婿。第二年，卢储当真中了状元。

宋均渡虎　李白乘驴

【浅释】汉朝宋均到九江郡担任太守，郡里有许多老虎伤人。老百姓便在很多地方设置陷阱除虎，但陷阱也伤了很多不知情况的行人。宋均任职后说：『今为民害，咎在残吏，其务退奸贪，进忠善，可一去槛阱。』这之后，老虎都渡江跑到九江郡以东的地方去了。〇唐朝诗人李白骑着驴子路过华阴县，县令把他拦住，不让他骑驴。李白便要了笔砚，写了『自供状』：其中有『天子殿前尚容我走马，华阴县不许我骑驴！』的句子。知县看完后大为一惊，才晓得他就是大名鼎鼎的李白，急忙向他赔礼道歉，请求宽恕。

仓颉造字　虞卿著书

【浅释】相传黄帝时的史官仓颉，观察鸟的行迹，虫的花纹，对它们进行了仔细的钻研，才造出了文字，替代了以往『结绳』记事的方法。〇战国时虞卿去游说赵成王，他的议论很合赵成王的口味。第一次见面，赏他黄金白璧，第二次见面，封他为上卿。虞卿作书八篇，被人们叫做《虞氏春秋》。

班姬辞辇　冯诞同舆

【浅释】西汉成帝刘骜要去后宫游览，叫班婕妤与他同坐在一辆车上，班婕妤婉言推辞，她说：『观右图画，圣贤之君皆有名臣在侧，三代末主乃有嬖女。今欲同辇，得近似之乎？』汉成帝认为她的话很对，便不再坚持让她陪同了。〇南北朝时，北朝的冯诞跟北魏的道武帝拓跋同岁，冯诞在幼年时期就陪拓跋读书。道武帝宠爱冯诞，两人经常同坐一辆车，同在一张桌上吃饭，同在一张席上睡觉，知遇之恩、宠爱之盛，很少人能比得上他。

七虞

西山精卫　东海麻姑

【浅释】传说上古炎帝的小女儿溺死于东海，结果化为一种含冤鸟，叫『精卫』。她天天衔西山的木、石，发誓要填平东海。〇麻姑是古代传说中的女仙。东汉桓帝时，仙人王远（方平）降临蔡经家，他招来了麻姑。此时麻

姑年已八十九岁，却还是花容月貌，年轻漂亮。她说，她曾经三次看见东海变为桑田，不久前到蓬莱仙境，海水比上次见到时又少了一半，怕是又要变成平地了。

楚英信佛　秦政坑儒

【浅释】楚王刘英是汉光武帝刘秀的第六个儿子，楚王小时好游侠，结交宾客。后来学老庄，也学佛理，斋戒祭祀。在当时的王公显贵中，他是首先奉信佛法的。○秦始皇嬴政即位后第三十四年（公元前213年），博士淳于越根据古代制度，建议分封皇亲国戚。丞相李斯竭力反对，主张禁止儒生借古讽今，以私学毁谤朝政。秦始皇听信了他的话，便下令除史书、医药、占卜、农艺等书籍外，将民间所藏诗、书、诸子、百家的著作全部焚毁。凡谈论诗、书的一律处死。凡借古讽今的杀灭九族。学法令就以吏为师。第二年，秦始皇又令方士、儒生求仙药，因找不到仙药，卢生等人都逃亡了。秦始皇大怒，在咸阳活埋了儒生四百六十多人。

曹公多智　颜子非愚

【浅释】汉末曹操足智多谋、机警善变。一次当曹军与马超、韩遂相持于渭南时，马超等请求议和，曹操假装答应。当两军会和时，马超、韩遂的部下将士纷纷上前围观曹操的仪容，挤得里三层外三层的。曹操笑着说：『你们想看看曹公吗，他也是人嘛，并没有四只眼两只嘴，不过多些智慧罢了。』○春秋时的鲁国人颜回，是孔子的学生。他天资聪明，善于举一反三，遇事不迁怒于人，也不重复自己的过失。穷居陋巷，箪食瓢饮，不改其乐。孔子曾称赞他：『颜回不是个愚蠢的人。』

伍员覆楚　勾践灭吴

【浅释】伍员，字子胥，春秋时楚国人。他的父亲伍奢、哥哥伍尚为了保全太子而力谏楚平王，结果被杀。子胥逃亡吴国，发誓要为父兄复仇。于是他和孙武一同辅佐吴王阖闾讨伐楚国。五战而夺下楚都郢。当时平王已死，子胥掘开平王坟，鞭尸三百。○春秋末年，勾践用谋士范蠡的计谋，愿与妻同为吴王的奴隶，并用重金、美女贿赂吴太宰伯嚭。伍员竭力反对议和，认为勾践是贤君，文种、范蠡是良臣，若不乘机灭越让他们回国，将来一定要后悔。吴王不听。勾践在处理内政上信任贤臣文种，外交、军事上信任范蠡。十年后，越国经济恢复并得到发

展，军队强大了，终于灭了吴国。

君谟龙片　王肃酪奴

【浅释】宋朝名臣蔡襄字君谟，仁宗庆历年间他任福建建州知府。此前，真宗朝的丁渭在任福建漕运使时，负责监制御茶上贡。他监制的茶饼上刻有龙凤花纹，称『龙凤团』。蔡襄则把它制得更小巧精致，每斤十个饼，每次上贡十斤。〇北魏时的王肃原是南齐人，他的父亲、兄弟先后被杀害，他从建业（今南京）投奔北魏。刚到北魏时，他不吃羊肉而喝鲫鱼羹，不饮酪浆而饮茶。一次，他陪孝文帝一块儿进餐时，才吃羊肉，喝酪浆。孝文帝问他：『羊肉、酪浆与鲫鱼羹、茶相比，味道如何？』他答道：『羊好比齐、鲁大邦，鱼好比邾、莒小国。茶味不行，只能与奶酪为奴。』后世便将『酪奴』作为茶的别名。

蔡衡辨凤　义府题乌

【浅释】相传东汉时的隐士辛缮隐居在华阴县。光武帝屡次征召他出山做官他都不肯。一次，他看到一只羽毛五色、其中青色居多的奇鸟栖息在他家槐树上，十几天都不离去。太守将这事上报朝廷，好奇的人多以为这是一只凤。蔡衡说：『有五种鸟像凤，而多红色毛羽的是凤，青色羽毛多的是鸾，黄色羽毛多的是鹓鹭，紫色羽毛多的是鸑鷟，白色羽毛多的是�鸠。现在这只鸟多青色羽毛，那一定是鸾了。』光武帝很赞赏他的分析。〇唐太宗曾让李义府以鸟为题写首诗。他吟道：『日里飏朝采，琴中伴夜啼。上林许多树，不借一枝栖。』太宗明白了他的月意，便说：『我会把整棵树都借给你的，岂止借你一枝。』于是便授予他监察御使的重任。汉代御史府中多柏树，常有野鸟数千，晨去暮宿，栖止其枝。后人便以『乌府』、『乌台』称御史台。

苏秦刺股　李勣焚须

【浅释】战国时东周洛阳人苏秦，开始时以连横策游说秦惠王，上了十封书而不被采纳。这时，他的黑貂皮衣已经穿破，带的百两黄金也用光了。最后衣衫褴褛，面容憔悴，只得狼狈不堪地回到家中。苏秦感叹道：『妻子不把我看作丈夫，嫂子不把我当作小叔，爹妈不认我为儿子，这都是秦国的罪过啊！』于是连夜翻箱找书，揣摩太公《阴符经》中的计策谋略。读书困了，就用锥子刺自己的大腿。一年后，他受命为合纵长，挂六国相印，很是

威风。〇唐朝大臣李勣的姐姐生病，他亲自煮粥，不小心把胡须都烧着了。他姐姐说：『我身边多的是仆妾，何劳你亲自煮粥，把胡须都烧了。』他回答说：『我哪是因为没有仆从而亲自动手呢，现在姐姐你老了，我也老了，想替姐姐常常煮粥，还能煮多久呢？』

介诚狂直　端不糊涂

【浅释】北宋初年文学家石介曾著《唐鉴》儆戒奸臣。杜衍、韩琦等荐他为太子中允。时范仲淹、韩琦、富弼当政，欧阳修、余靖为谏官，他作《庆历圣德》诗云：『众贤之进，如茅斯拔。大奸之去，如距斯脱。』得罪了旧党夏竦。他的老师孙复见后说：『石介的祸从此开始了。』他刚直狂介，被时人认为是『狂直』。〇宋太祖时，有人说户部侍郎吕端为人糊涂。太宗说：『吕端小事糊涂，大事不糊涂。』吕端担任宰相后以清简为务，为人处事识大体。太宗病重弥留之际，宣政使王继恩等谋立楚王元佐。皇后命继恩召见吕端。吕端得知有变，把继恩骗入书阁，然后进宫奉太子即位。太子即位时他先不拜，请卷帘升殿，当确认是太子时才率众臣拜呼万岁，是为真宗。

关西孔子　江左夷吾

【浅释】东汉学者杨震博学明经，他广收弟子，传授学问。因他祖籍在潼关以西的华阴，所以人称『关西孔子』。传说他讲学时有鹤雀衔三条鳣鱼飞集讲堂前，弟子说：『蛇鳣，是卿大夫的服饰。三条，意味着执法三台，先生要高升了。』安帝延光年间，杨震官至太尉。后因多次疏劾安帝乳母及宦官骄横贪婪被诬罢官，愤而自杀。〇东晋琅邪临沂（今属山东）人王导自幼有胆识器量，才智过人。司马睿为琅邪王，居住在建康（今南京），王导知天下已乱，便劝他招揽贤能，收拢人心。司马睿即位为元帝，任王导为相，号仲父。桓彝过江，与王导交谈后高兴地对人说：『向见管夷吾，吾无忧矣。』温峤也说：『江左自有管夷吾，吾复何虑哉！』王导历元、明、成三帝，位至太辅。夷吾：春秋管仲名夷吾，曾辅佐齐桓公富国强兵，九合诸侯，成为春秋五霸之一。

赵抃携鹤　张翰思鲈

【浅释】北宋仁宗朝的殿中侍御史赵抃，弹劾违法之事不惧权贵，京师称之为『铁面御史』。赵抃为政清简，他当益州

路转运使时只携一琴一鹤相随。当他再任成都知县时，连琴、鹤也去掉了，只带一名随身执事。〇西晋的张翰有文才，被齐王司马冏召为大司马东曹掾。当时政局动乱，他为避祸，急求脱身回乡，说：『人生贵在生活得舒心满意，怎能受官职的拘束，奔波千里以求爵位呢？』便借口思念家乡的鲈鱼味美，打点行装动身回乡。不久，司马冏在内乱中被杀。

李佳国士　聂悯田夫

【浅释】聂季宝与当时的名儒李膺（字元礼）同是河南襄城人。太学生称李膺为『天下楷模李元礼』，把得到他的接见称为『登龙门』。聂季宝很想谒见他，又因出身低微而不敢贸然求见。杜密知道聂季宝贤能有才，想让李膺定评，便安排聂季宝前来拜见。李膺一开始并没有看重聂季宝，只在台阶下放了个位子。但见面交谈之后，他便断定『此人当作国士。』后来李膺的预言果然成真。〇唐代诗人聂夷中曾写过一首《伤田家》诗：『二月卖新丝，五月粜新谷。医得眼前疮，剜得心头肉。我愿君王心，化作光明烛。不照绮罗筵，照遍逃亡屋。』二月、五月本不是卖丝、粜谷的季节，农民迫于租债不得已预先抵押出去。这情形深刻反映了封建社会的阶级对立和农民的悲惨境遇。

善讴王豹　直笔董狐

【浅释】春秋卫国人王豹住在淇水一带。他善于歌唱，河西百姓受他的影响，善于歌咏的人也多了起来。淳于髡曾用他的诗歌来讥诮孟子。〇春秋时晋灵公要杀忠谏的正卿赵盾，赵盾出逃。他的同族赵穿杀了晋灵公，赵盾便回来拥立成公。史官董狐却直书史实，在史策上写道：『赵盾弑其君。』公布于朝廷。因为他认为赵盾身为正卿，逃亡没有出境，回来也不诛杀乱臣，因而晋灵之死，他有不容推卸的责任。孔子称赞董狐为『古之良史』。

赵鼎倔强　朱穆专愚

【浅释】南宋高宗朝的宰相赵鼎曾上书论四十件国事，以图复兴。他还荐举岳飞收复襄阳。金人每见南宋使者，必问李纲、赵鼎安否。可见对两人的敬畏之情。赵鼎因反对议和得罪了秦桧，被贬岭南，移居吉阳军。他上谢表说：『白首何归，怅余生之无几；丹心未泯，誓九死以不移。』意谓余生不多了，不知归宿在何处。忠心不灭，发誓即使死去九次，忠君爱国之志仍然坚定不移。秦桧见后说：『这老先生还像从前那样不屈不挠。』三年后，

他绝食而死。死前他自作墓志铭曰：『身骑箕尾归天上，气作山河壮本朝。』箕尾，星座名。○东汉人朱穆一心攻读，不问世事，简直到了如痴如醉的境界。有时甚至丢了衣帽也不知道，走路也会跌入泥坑中。父亲认为他『迂腐』到几乎不知道马有几条腿的地步。他为人刚直，曾任冀州刺史、尚书等职，都因反对宦官擅权而被贬，最后郁愤而死。

张侯化石　孟守还珠

【浅释】汉代的梁相张颢在路上看见一只像山雀的鸟落到地上，化为一块圆石。他用锤敲破圆石，里边是颗金印，印文是『忠孝侯』三字。张颢便上表朝廷，把印章献上，收藏于秘府。后来议郎樊衡夷进言说：『上古尧舜时曾有忠孝侯这一官职，今日天降此印，看来应该再设置这一职位。』○汉代浙江上虞人孟尝任合浦（今属广西）郡太守。合浦不产粮而产珍珠。前任太守贪婪，珍珠逐渐转移到交趾（越南境内的古国）界内。孟尝到任后革除弊政，珍珠又重新回来了。商人贸易于海上，当地百姓也富裕了，都称他为神明。后来他被征调，当地官民百般挽留，他走不脱，最后只能乘夜深悄悄离去。

毛遂脱颖　终军弃繻

【浅释】战国时期，秦国攻打赵国，平原君求救于楚。出行前从食客中选了十九人随行。门客毛遂便向平原君自荐。平原君说：『贤士处世，好比锥子放在布袋中，它的尖头能立时显现。而先生你在我门下三年，我却从未听说过你。』毛遂说：『我现在便请你让我处在布袋中。如果早处布袋中，便会脱颖而出，而不只是显示点锥尖而已。』平原君勉强答应带他前往。到楚国后，平原君游说楚王合纵，说不动楚王。毛遂见状，拔剑逼近楚王，说以厉害，最后定约而归。平原君说：『先生以三寸不烂之舌，强于百万之师。』便拜毛遂为上客。○西汉人终军，少好学，年十八选为博士子弟。他徒步入关求学，关吏给了他出入关的凭证（护照），以便通行。终军说：『大丈夫西游，再也不会乘四匹下等马拉的驿车回来。』扔下凭证就走了。后来他作为使者持节到各郡国，关吏认识他，说：『这位使者就是先前丢弃凭证的那个后生。』后人便用『弃繻』作为少年立志的典故。古代出入关卡先在帛上写字，然后一分为二，出关时取以合符，称『繻』。

佐卿化鹤　次仲为乌

【浅释】徐佐卿自称青城山道士，唐玄宗时人。一天，他从外回山，对弟子说：『我出游，被飞箭射中。以后箭的主人到此，便还给他。』说完，就把箭挂在墙上。安史之乱后，玄宗避难蜀地，游道观，认出这枚箭是先前在沙苑打猎时射出的，这才知道，他那时射中的鹤是佐卿所化。〇秦代人王次仲深感篆书难写而不方便于使用，于是将它简化，改造为隶书。秦始皇一统天下后，三次派人征召他，他都不应。秦始皇大怒，令用槛车将他囚禁送到京城，王次仲化为大乌，振翅高飞，掉下三根羽毛。使者只拣回一根回报秦始皇。其余两根化作大翮山、小翮山。

韦述杞梓　卢植楷模

【浅释】韦述是唐代史学家，累官至集贤学士、工部侍郎，典掌皇家图书四十年。曾撰唐代开国以来历史，文简事详，人比之谯周陈寿。安史之乱时，他抱史册藏于南山。韦述有弟五人。与弟逌一起为学士，与迪一起为礼官。张说对人说：『韦家兄弟，人之杞梓。』杞、梓为两种优质木材。〇东汉人卢植品性刚毅，有济世志，曾师从马融。马融帐前多婢妓，他侍讲多年，从不侧目斜视。董卓擅权，议废立皇帝，别人不敢有异议，只有卢植表示反对。董卓要杀他，议郎彭伯谏止说：『卢尚书是海内人望，杀了他，怕天下震怖。』曹操也说：『卢植名著海内，学识为儒宗之楷模，国之桢干。』董卓因此罢休。

士衡黄耳　子寿飞奴

【浅释】西晋文学家陆机字士衡，相传他有一条爱犬名黄耳。一天他对爱犬开玩笑说：『吴中久绝家讯，你能去取回消息吗？』爱犬摇尾作声，似解人意。于是他便把书信藏在竹筒里，系在犬颈上。爱犬去了一个月后返回，果然捎回了家书。从此以后陆机便经常让它传递信件。〇唐朝诗人张九龄，字子寿。少时喜养群鸽，他给亲友写信，都系于鸽足，令其前去投递，称之为『飞奴』。

直笔吴兢　公议袁枢

【浅释】唐代史学家吴兢博通经史，武则天时入史馆编修国史，曾与著名史学家刘子玄一起撰写《武后实录》，记录张

昌宗诱使张说陷害魏元忠等史实，直书不讳。后来张说为相，屡次请求删改，均遭吴兢拒绝：『依公所请，怎么还能称为实录？』人称他为董狐。○南宋史学家袁枢于孝宗乾道年间任国史院编修官，所撰写的《通鉴纪事本末》是一部开创纪事本末体例的史书。在他撰写国史时，同乡章子厚竭力要求他为其润饰加工传记，袁枢一口回绝，说：『我任史官，撰写历史的法则是不允许隐瞒恶事恶行。我宁可得罪乡亲，也不可负于天下和后世。』当时的宰相赞叹他是良史。

陈胜辍锸　介子弃觚

【浅释】秦末陈胜被人雇佣耕地时，有一天，他停下手中的锸，对伙伴们说：『将来富贵了，彼此别忘了一块受穷的弟兄。』伙伴们以为他在说胡话，便嘲讽他说：『你还在被人雇佣种地呢，哪里来的富贵？』陈胜感叹道：『燕雀怎么能知道鸿鹄的志向啊！』后来，陈胜与吴广发动起义，国号张楚，自立为王。○西汉人傅介子好读书。十四岁时的一天，他放下手中的木简，感叹道：『大丈夫当立功绝域，何能坐事散儒？』昭帝时他奉诏出使大宛，他认为楼兰、龟兹几次反叛，若不讨伐他们，不足以惩恶为戒。于是自请以赏赐为名出使，在宴席上杀了楼兰王。觚：古代用来书写文字的木板。

谢名蝴蝶　郑号鹧鸪

【浅释】宋代诗人谢逸屡举进士不第，后以诗文自娱。黄庭坚曾对他的『贪夫蚁旋磨，冷官鱼上竿』、『山寒石发瘦，水落溪毛凋』等诗句十分欣赏。他擅写蝴蝶诗，有蝴蝶诗作三百余首，多佳句，人称『谢蝴蝶』。○唐代诗人郑谷，字守愚。在昭宗时任都官郎中，人称『郑都官』。他传世最著名的是《鹧鸪》诗。诗云：『暖戏烟芜锦翼齐，品流应得近山鸡。雨昏青草湖边过，花落黄陵庙里啼。游子乍闻征袖湿，佳人才唱翠眉低。相呼相应湘江阔，苦竹丛深日向西。』后人因此称他为『郑鹧鸪』。

戴和书简　郑侠呈图

【浅释】汉代人戴和（一说戴名弘正，弘正或为其字）每得知己好友，就焚香告于祖先，并把自己与友人的生辰八字写在竹简上，名为《金兰簿》，并附有《盟辞》：『卿乘车，我戴笠，他日相逢下车揖。君担簦，我跨马，他日相逢为君下。』○福清人郑侠，北宋神宗朝官光州（今属河南）司法参军。他反对王安石变法，派人在汴京

西门把饥民遍野的情景画成《流民图》，密呈皇帝，并对神宗说：『陛下观臣之图，行臣之言，十日不雨，请斩臣宣德门外，以正欺君瞒天之罪。』神宗看图后下诏责己，废除王安石新法中方田等十八条。过了三日，果然天降大雨。

瑕邱卖药　邺令投巫

【浅释】传说汉代西宁地方有个叫瑕丘仲的人，他卖药已百余年，后死于地震。有人把他的尸体扔入水中，而把他的药占为已有。不料他却披着皮袄找到那人来取药。那人吓得直哆嗦，下跪叩头求饶。他却说：『不过让人知道我罢了，我不恨你。』后来他做了夫余王的驿使，人称他『谪仙』。○战国魏文侯时邺（今河南安阳县）地的漳河常闹水灾。当地的乡绅、长老、县吏与女巫相勾结，诈骗百姓财物。每年他们要选民家女子沉入漳河，美其名曰：『河伯娶妇。』邺令西门豹上任后，借口与河伯通音讯，将女巫和长老投入河中，这一陋习才得以革除。他又率领百姓开凿了十二条水渠，引漳河水灌溉农田，百姓因此而富足。

冰山右相　铜臭司徒

【浅释】杨国忠，本名钊，他是杨贵妃的堂兄，因而受唐玄宗的宠信，赐名国忠。天宝十一年（公元752年）任右相，权倾朝野，结党营私，横征暴敛，公开接受贿赂。有人劝进士张彖前去拜谒投靠。张彖说：『你们把杨右相看作泰山，我以为是冰山，若太阳一出，你们不就失去依靠了吗？』于是张彖便隐居嵩山。○东汉灵帝时政治腐败，公开标价卖官鬻爵。崔烈让奴仆递进五百万钱，买得了司徒的官职。他还恬不知耻地问儿子崔钧：『我位居三公，舆论反映如何？』儿子回答道：『论者嫌其铜臭。』

武陵渔父　闽越樵夫

【浅释】陶渊明，东晋著名诗人、文学家，所著《桃花源记》，写晋太康时，有一位武陵渔父因捕鱼进入一个与世隔绝的村落。那里景色优美，民风淳朴。当地居民自称是祖先避秦时之乱而来此居住，从此便与世隔绝。渔父逗留几天后告辞回家，将自己的经历告知郡太守。太守再派人去找，却再也找不到原来的路了。这篇文章反映了陶渊明厌恶乱世，希求太平的理想，后人便把『世外桃源』比作远离现实的理想境界。○相传在唐永泰年间福建

福州东山中有个叫蓝超的樵夫，打柴时追赶一只白鹿，渡水进入一座石门。刚进去时极狭窄，后来逐渐宽敞，见鸡犬人家。一位老翁告诉他说：『我是避秦世之乱的人，想留你在此一起生活，可以吗？』蓝超答道：『我想与亲戚旧友诀别后再来。』老翁因而送他一枝石榴花。他出来后恍若在梦中，竟不知那石门在何处了。

渔人鹬蚌　田父㕙卢

【浅释】战国时赵国伐燕。苏代（苏秦的弟弟）为燕国向赵王游说。他说：『这次来时路经易水，见一只蚌到岸边晒太阳，一只鹬便飞来啄它的肉。蚌用它的硬壳闭得紧紧的，箝住了鹬的长嘴。鹬说：「今天不下雨，明天下不雨，要不了几天，蚌就会死。」蚌说：「你的嘴今日不放开，明日不放开，照此下去，一定是死鹬。」鹬、蚌相争，互不相让。渔人见而两得之。现燕、赵相持不下，两败俱伤。我恐怕强秦会坐收渔人之利。』赵惠文王便停止攻打燕国。〇战国时，齐国要攻打魏国。淳于髡进谏说：『韩子卢是天下善跑的快犬，东郭㕙是海内最狡猾的兔子。韩子卢追赶东郭逡，绕山追逐了三圈，翻越了五次，兔子疲惫倒在前，良犬累坏躺在后。田父见后，不费吹灰之力就获双利。现在齐、魏长久相持不下，双方兵将劳累疲惫，我怕强秦大楚将得到田父的收获啊。』齐王于是作罢。

郑家诗婢　郗氏文奴

【浅释】东汉著名经学家郑玄，师事马融，后以古文经学为主，兼采今文经说，遍注群经，收弟子数千，成为汉代经学的集大成者。他家中的奴婢都读诗书。一次他发怒，让人把一个想为自己辩解的奴婢拽到泥中。过了一会儿，另一奴婢来问：『胡为乎泥中？』（语见《诗经·邶风·式微》）这个奴婢回答：『薄言往诉，逢彼之怒。』（语见《诗经·邶风·柏舟》）〇郗愔袭爵南昌公，拜临海太守。他有个仆人识字知文，郗愔的姐夫王羲之十分喜欢这个仆人，多次在刘惔面前称道。刘惔问：『比方回（郗愔字）怎么样？』王羲之回答说：『他不过是个下人，有读书识文的意向罢了，怎么能和方回相比呢？』刘惔回答说：『不如方回，那不过是个平常的奴仆罢了。』

第二卷

八 齐

子晋牧豕　仙翁祝鸡

【浅释】汉朝商丘人子晋，喜爱吹竽，在野外牧养猪，已经七十岁了还是个单身汉。〇晋朝有个叫祝鸡翁的，养了一千多只鸡，每只鸡都有名字。早晨，他把鸡放出，傍晚，他呼唤鸡的名字，让鸡回窝。如今人们呼鸡的时候，都叫『祝祝』，即源于此。

武王归马　裴度还犀

【浅释】周武王灭商后，回到丰镐，将战马放生到南山的南面，把牛放养在桃林的原野，以表示天下太平，从此不再使用武力。〇唐朝宰相裴度，年轻时游香山寺，在寺中捡到了一条犀带，就守在寺里等候失主。后来一个妇女急急忙忙地进寺找犀带，裴度查明她的确是失主后就把犀带还给了她。原来这犀带是那个妇女用来替她父亲赎罪的。

重耳霸晋　小白兴齐

【浅释】重耳是春秋时期晋献公的儿子。由于献公宠爱骊妃，就误信谗言杀了太子申生，重耳被迫逃亡。后来，重耳回国当了国君，就是晋文公。文公在内修明政治，在外号召诸侯勤王，迎周襄王复位，树立了政治威信。不久在践土会盟诸侯，周王策封他为『侯伯』，也就是霸主。〇齐襄公的弟弟齐桓公名小白。齐襄公无道，几个弟弟为了避难都逃往国外。后来襄公被杀，桓公趁机回国夺取王位。即位后重用管仲进行改革，奋发图强。成为五霸之一。

景公禳彗　窦俨占奎

【浅释】齐景公二十二年，出现彗星，这在当时是不祥的征兆。景公对此十分担心，准备祷祭，免不了劳民伤财。相国晏子便劝止景公，借天象示警，批评景公的失德，要求景公纠正过错，而不必弄什么祷祭，让老百姓避免了一场新的灾祸。〇北宋太祖乾德年间，窦俨为翰林学士，他知晓天文术数，与卢多逊、杨徽之一同担任谏

官。窦俨对卢、杨二人说：『岁在丁卯，五星当聚于奎，奎主文明，又在鲁分，自此天下太平。』奎就是奎宿，二十八宿之一。乾德丁卯年，五星当真聚集在奎宿，就如窦俨所预料的那样。

卓敬冯虎　西巴释麑

【浅释】明代卓敬，十五岁时在宝香山读书。一个风雨交加的夜晚，他从山上回家。由于天黑，迷了路。黑夜中，他碰到一只动物，以为是头牛，就骑上它到家里。进门一看，吃了一惊，原来这不是牛，而是一只老虎。○秦西巴是孟孙氏的门客。一次，孟孙氏出猎，捉到一只鹿，让秦西巴把这小鹿运到府中。母鹿紧随着秦西巴他们一路前行。秦西巴看到后，觉得这母鹿怪可怜的，于心不忍，就把小鹿放了。孟孙氏知道后非常生气，把秦西巴赶走了。过了三个月，他又派人把秦西巴请回来，让他当儿子的老师。他说：『先生对小鹿尚有仁爱之心，一定会对我的儿子竭尽全力的。』

信陵捕鹞　祖逖闻鸡

【浅释】战国时魏国公子无忌，即信陵君。一天他吃饭时，一只受惊的鸠鸟飞入屋子，藏在桌子底下，一只鹞鸟追了进来，信陵君把鸠鸟放走，鹞又追出去，把鸠鸟啄死了。信陵君很难过，便马上命令手下人捕捉鹞鸟，一共捉了三百多只。信陵君按剑问这些被捕的『嫌疑犯』说：『谁犯了罪？』一只鹞低下了头，像是认罪的样子，信陵君就把它杀了，把其他鹞鸟放走了。于是信陵君的仁慈传遍了天下。○西晋末年，北方羯人领袖石勒作乱，攻陷洛阳。祖逖带着很多部下移居江南，立志收复北方失地。他和刘琨一同担任司州主簿时，两人睡一张床铺，黎明时听到鸡鸣声，他就用脚轻轻地踢刘琨，说：『此非恶声也！』便一同起床舞剑。晋元帝任命他为豫州刺史，奋威将军。他积极备战，短短几年时间，便收复了黄河以南的大片失地。

赵苞弃母　吴起杀妻

【浅释】东汉赵苞，担任辽西太守。他带着母亲、妻子一同赴任，途中，母亲和妻子都被鲜卑军队劫为人质。他率两万多人马和鲜卑军交战时，鲜卑人就把他的母亲和妻子都推出来让他看。他悲伤地对母亲说：『欲以微禄奉养朝夕，不图为母作祸，昔为母子，今为王臣，义不得顾私恩毁忠节，唯当万死，无以塞罪。』他的母亲也深明

大义，对他说：『人各有命，何得相顾，以亏忠义？』于是他坚持抗战，最终打败了鲜卑军队，而母亲和妻子却都被敌人杀害。后东汉皇帝把他封为鄃侯。○战国时期，卫国左氏人吴起在鲁国。当时齐国进攻鲁国，鲁公想任吴起为将，抵御齐国军队，然而有人说吴起的妻子是齐国人，引起鲁公猜疑，就不任他为将。吴起听说后就把妻子杀死，向鲁公表明他的忠义，期望鲁公能任命他为将。后人评论说，吴起杀妻求将，终究是贪心所致。

陈平多辙　李广成蹊

【浅释】西汉陈平，家庭十分贫困，他的同村有个富翁张负，孙女嫁了五次，死了五个丈夫，被人认为是克夫命，谁也不敢再娶她为妻。这时陈平却表示要娶她。张负说：『陈平虽贫，门外多长者车辙。』这长者指有身份的人。于是就把那个寡居的孙女嫁给了陈平。○汉朝名将李广，号『飞将军』。他不善言谈，忠厚老实得就像个乡下人，然而天下人却都很仰慕他。司马迁在《史记》中评价他道：『桃李不言，下自成蹊。』蹊即指小路。

烈裔刻虎　温峤燃犀

【浅释】秦始皇二年，有个名烈裔的雕刻工人，刻了两只如同真虎一般的白玉虎，可惜就是没有黑漆点上眼睛。秦始皇便派工匠在晚上给玉虎点上眼睛。天亮后白玉虎却不见了，原来它已经飞走了。第二年，南郡献上两只白虎，秦始皇仔细一看，哪里是白虎，是两只飞去的玉虎呀！他便令人除去后来点上的虎眼，这两只玉虎才没有跑掉。○晋朝温峤担任都督江州军事，船经过牛渚时，温峤点燃犀牛角，居然看到了水里的怪物。不久，水底的怪物便把犀牛角的火熄灭了。晚上，温峤做了一个梦，梦里有人责怪他说：『幽明有别，何故相犯？』阴阳两个世界的生灵是不能互相进犯的。

梁公驯雀　茅容割鸡

【浅释】唐狄仁杰，在武则天时几起几落，最终取得信任。他劝谏武则天召庐陵王李显回京，对匡复国祚有帮助，死后追封梁国公。早年他母亲过世，在家守制，有白鹊驯扰的祥瑞。○东汉茅容曾在一棵树下避雨。其他人姿态不雅，只有他正襟危坐，姿势非常标准。当时，郭林宗正好从那里经过，感觉这个人很特别，就要求到他家里借宿。茅容也很爽快地答应了。回到家里，茅容杀鸡做饭，鸡煮好了，便端给母亲吃。自己和客人都只吃粗茶淡菜。郭林宗觉得这个人是贤人，便劝导他读书。当时的茅容已经四十多岁了，但他听了郭林宗的话，发愤学习，最终成为道德修养很崇高的人。

九　佳

禹钧五桂　王祐三槐

【浅释】五代时，窦禹钧广为善事，多有德行之举。他有五个儿子，都相继登榜高中，人称『五子登科』。冯道赠诗说：『燕山窦十郎，教子有义方。灵椿一株老，丹桂五枝芳。』〇宋太祖曾经答应提拔王祐做司空，可是后来他不仅没有得到提拔，还遭贬谪。于是有人讥笑他，他却说，我虽不能做，可是我的子孙一定可以做，并且亲手在院中种植三棵槐树，说：『我的子孙必定有担任三公的。』后来儿子王旦果然官至宰相，还修建『三槐堂』。

同心向秀　肖貌伯偕

【浅释】晋代名士向秀与山涛、嵇康、吕安是朋友，志同道合，曾经一起在山阳种菜，在洛阳打铁。〇唐代的张伯偕与孪生弟弟张仲楷长相酷似。仲楷的妻子梳完妆，看见伯偕问：『好看吗？』伯偕说：『我是伯偕。』过了会儿又见面了，仲偕的妻子说：『刚才我将伯偕当做你了。』伯偕回答说：『我仍然是伯偕。』妇人羞愧得不敢出门。后来兄弟俩用衣服来区别。

袁闳土室　羊侃水斋

【浅释】桓、灵之世，党锢之祸继起。袁闳不接受朝廷征召，并修筑土屋，闭门谢客，独自住了十八年。早晚在屋中向母亲行礼，谁也不能到屋中见他。面对当时的形势，袁闳采取了『穷则独善其身』的方法，表明自己不与当权者合作的态度。〇南北朝时，羊侃生性豪奢，他刚好到衡州时，曾经在两船间起三间通梁，设置水斋，饰以锦旗，令观者赞叹。

敬之说好　郭讷言佳

【浅释】唐朝人项斯，为人清奇雅正，尤其擅长写诗。杨敬之赠诗道：『几度见诗诗尽好，及观标格胜于诗。平生不解藏人善，到处逢人说项斯。』项斯因此名气就更大了。〇晋代郭讷，字敬言，官至太子洗马。有次他听到歌伎唱歌，于是就说唱得很好。石崇问他这是什么曲子，他说不知道。石崇就说：『既然不知道曲名，还说什么

好。』郭讷说：『就像看见西施，何必知道姓名才说她美呢！』

陈瓘责己　阮籍咏怀

【浅释】陈瓘，宋人，和范祖禹同室居住。因谈到颜回不迁怒不贰过，范祖禹说：『惟伯淳先生能之。』陈瓘问：『伯淳是谁？』范祖禹默然良久，说：『你难道不知道有程伯淳吗？』陈瓘说：『生长在东南，实在不知道。』后来陈瓘常以事孤陋寡闻感到惭愧。伯淳，程颢，是理学大师。〇晋代名士阮籍为人豪放，善于写诗作文，是竹林七贤之一。他曾经作《咏怀》诗八十二篇。

十　灰

初平起石　左慈掷杯

【浅释】晋朝黄初平，十五岁时在山林放羊，被一个道士带去金华山石室中四十多年，也不想家。他哥哥黄初起在山中寻找他，兄弟才得以相见。哥哥问他：『羊呢？』他说都在山的东面，他哥哥去看，只看见许多白石。随后又和初平一起去看，初平喊一声：『羊起！』石头都变成了羊，并且有几万头之多。〇左慈是东汉末年人，传说他有神仙术。有一次曹操设宴请他，左慈用簪子划杯中的酒，酒竟然分成左右两个半杯。他自己喝了一半，另一半请曹操喝。喝毕，把杯子朝上一扔，奇迹出现了：那只杯子突然化作一只飞鸟，飞向了远方。

名高麟阁　功显云台

【浅释】汉宣帝曾经命令画师，在未央宫麒麟阁上画出辅助皇帝有功的霍光等功臣的肖像，以表彰他们的功绩。〇东汉明帝追念前代跟随光武皇帝建功立业、中兴汉室的大功臣，命令画匠在南宫云台上画了邓禹等二十八位大将的肖像。

朱熹正学　苏轼奇才

【浅释】南宋朱熹一生钻研儒家典籍，最终成为理学大师。他与当时的儒家学者都有来往，著疏六经。有人曾这样称颂他：『绝学以来，集诸儒之大成，发先圣之要秘，熹一人而已。』〇宋朝苏轼，在嘉祐年间为翰林学士，宣仁太后对他说：『先帝每诵卿文章，必叹曰：「奇才！奇才！」但未及进用，今所以授卿此官。』苏轼听了后

非常感激已经过世的先皇的知遇之恩，不禁失声痛哭起来。

渊明赏菊　和靖观梅

【浅释】东晋陶潜，字渊明，隐居在乡里，不肯做官。平常喝酒作诗，在东篱边种植菊花，欣赏菊花高洁的品质，悠闲自在，即便下一顿没着落，也依旧乐在其中。〇宋朝林逋，在西湖孤山隐居了二十年，从来不进城门。他无妻无子，只是在房子周围种上梅树，养两只鹤为他传递信息，人们把他的生活称为『梅妻鹤子』。他成天观赏梅，有『疏影横斜水清浅，暗香浮动月黄昏』的名句。

鸡黍张范　胶漆陈雷

【浅释】汉朝张劭跟范式是好朋友，两人都在太学求学。离别时，范式对张劭说，两年后将会去看望他的母亲，并且约定了具体的时日。约定的时间到了，张劭请他母亲准备好鸡黍等食物。张劭的母亲说：『二年之别，千里结言，何必当真？』张劭对他母亲说：『臣卿信士，必不乖违。』结果，范式当真准时到达。〇汉朝雷义和陈重是好朋友。当时举秀才比后代中进士还难。雷义把秀才让给陈重，州刺史不答应，雷义也就不当什么秀才了。之后他们同时举孝廉，同时被任命为尚书郎。当时的人们都称赞他们两人坚不可摧的友谊，说：『胶漆自谓坚，不如陈与雷』

耿弇北道　僧儒西台

【浅释】东汉耿弇，字伯昭。光武帝巡察河北，收上谷兵，定彭宠，取张丰，平张步，都是采用了耿弇的计策。东汉建国初期，光武帝把他任命为建威大将军，建武二年受封为好畤侯。〇唐朝牛僧儒，字思黯，曾在伊阙担任县尉。相传假如县里有人进入尚书台，县前水塘中会露出滩头。假如是进入西台（中书省），还会有一对𪇶鶒飞下来。有一天，县前水塘中的滩头突然露出，并且还有一双𪇶鶒飞下来。几天后，牛僧儒当真被任命为西台。当了平章事，即宰相。

建封受觋　孝基还财

【浅释】唐朝张建封曾穿着破旧衣服坐在树下。尚书裴宽乘船回到西部，傍晚他的船停靠在树下。裴宽便和张建

封聊天，发现张建封的见识很不寻常，便把他坐的船和船上的金银绸缎以及奴婢全部送给了张建封，张建封也毫不客气地收下这些礼物。后来张建封当了节度使。○宋朝张孝基娶了同村一个财主的女儿为妻。这财主的儿子，是个浪荡子弟，他父亲便把他逐出家门，不承认他是自己的儿子，并且把全部家财都交给了女婿张孝基。后来财主的儿子沦落为乞丐，张孝基看他可怜，便雇他在园地里干活。财主的儿子干活十分勤快，张孝基见他的确改掉了过去的陋习，便把他岳父送给他的所有财产归还给了岳父的儿子。

准题华岳　绰赋天台

【浅释】北宋寇准，字平仲，在太宗朝时曾担任参知政事，真宗朝时曾两度担任宰相，是宋朝的名臣。他八岁时曾吟过《华山》诗，老师听了非常高兴，并对他父亲寇湘说：『贤郎何不作宰相！』他的父亲是后晋状元，固然知道他这个儿子不是平凡之辈。○晋朝孙绰在永嘉担任太守时，想要辞官隐退。他早就听闻天台山山清水秀，便派人去把天台山的风景画下来，他依据图画作了篇《天台赋》。

穆生决去　贾郁重来

【浅释】汉朝楚元王任用穆生为中大夫，对他非常尊重。穆生不太会喝酒，每次设宴，楚元王都特地为他准备好甜酒。后来楚元王的孙子刘戊继位，有一次宴会，却忘了准备。穆生说：『我该走了，不设甜酒，说明王开始怠慢我了！』于是他决意离开，免得自讨没趣。○五代时贾郁在一个县当县官。调任的时候，他的一个下属，借着洒醉骂他。贾郁很气愤，说：『假如以后我再来这个县当县令，一定要惩办你。』那个下级说：『公若再来，犹铁船渡海。』意思就是说你根本没机会再来这里为官了，谁知不久贾郁真的又被调派到这个县做官，那个撒酒疯的下属由于盗窃库钱遭到了惩办。

台乌成兆　屏雀为媒

【浅释】汉明朱博为御史大夫。御史府中有一棵大柏树，几千只乌鸦在上面做窝，因此御史台后来就称作『乌台』或『乌府』。○北朝窦毅有个聪明的女儿，窦毅非常重视她，不轻易许配人家。后来，他让人在屏风上画两只孔雀，来求婚的人必须射中孔雀眼睛才能被招为女婿。李渊最后射了两支箭，各射中孔雀的一只眼睛，窦毅就

把这个女儿许配给了他。

平仲无术　安道多才

【浅释】北宋寇准字平仲，与张咏是好朋友。寇准当了宰相，张咏则在陈州当知州，对部下说：『寇公奇才，惜学术不足耳。』而后张咏当面对寇准说：『《汉书·霍光传》不可不读。』寇准听了他的话，就拿这本书读，读到『（霍光）不学无术』句，寇准笑着说：『张公谓我矣。』〇宋朝张方平，字安道。自小就相当聪慧，不管什么书，他看过一遍就记住了。平生做文章从来不打草稿。当时人都称颂他是天下奇才。

杨亿鹤蜕　窦武蛇胎

【浅释】相传宋朝杨亿出生时是一只小鹤，之后才变成一个婴儿。〇汉朝窦武，据传是与一条蛇一起生出来的。

湘妃泣竹　鉏麑触槐

【浅释】尧帝把娥皇、女英两个女儿都许配给舜帝做妻子。舜帝到南方巡察，在苍梧过世。娥皇、女英一路追随，在洞庭湖听闻舜帝驾崩的消息，便挥泪痛哭，泪点洒到竹子上，成为斑竹，又称湘妃竹。后来她俩也死于湘江，便成了湘水女神，人们把她们称为湘妃或湘夫人。〇春秋时晋灵公无道，大臣赵盾经常劝谏他。灵公心里很生气，恨死了这个赵盾，便叫鉏麑去行刺他。这鉏麑是个力士，十分英勇。他奉了灵公之命一早来到赵盾的府上。当时天才微亮，离上朝时间尚早，赵盾已经很端重地把朝服穿好，准备上朝了。鉏麑看到后，觉得这是一位贤人，便不忍心加害他。然而假如不杀死赵盾，没履行灵公交给的任务，就没法回去交差。他左右为难，相当矛盾，最后便自己撞死在槐树下。

阳雍五璧　温峤一台

【浅释】汉朝阳伯雍看到行人走路口渴没地方喝水，便设了个茶水站，免费供应茶水。有一次，一个喝了茶水的人送给阳伯雍一包种子，说：『种此生美玉，并得好妇。』阳伯雍接受了种子。并把它种下去。此时北平徐家有个姑娘还没有出嫁，伯雍就到她家里提亲。徐家回话说：『要一对白璧才能够答应。』伯雍想起那人的话，就到种种子的地方挖掘，结果挖出五枚玉璧。这桩婚因就成功了。〇晋朝温峤，字太真。他学识广博，文笔卓绝，是一位美男子。他有个表妹还没有出嫁，姑母交代他帮忙找个合适的女婿。温峤问姑母：『好女婿很难找，条件像

我这样的行吗？』姑母说：『怎么敢想有你这般条件的！』不久，温峤告诉姑母：『你要找的女婿找到了，门第人才都不比我差。』姑母答应了。他便送来玉镜台作为聘礼。举行婚礼那天，新娘新郎进入洞房，新娘揭开盖在头上的红巾笑着对温峤说：『我早就怀疑是你老奴（温峤小字）自己了，当真是啊！』

十一　真

孔门十哲　殷室三仁

【浅释】孔庙的祀典，是孔子的门徒颜渊、闵子骞、冉伯牛、仲弓、宰我、子贡、冉有、子路、子游、子夏等10人侍侧，称做『十哲』。后来又有些变化，颜渊升为配享，『十哲』缺一，就升补了曾参。再后来曾参升为配享，又把子张补进『十哲』行列。〇商纣王无道，殷王室大乱。箕子向纣王进谏，纣王讨厌他多嘴多舌，便把他关了起来。箕子想大祸还在后头，便打散头发假装发疯，跑去当奴隶。比干眼见国家乱糟糟的，弄不好殷朝天下就要完蛋，抱着不怕牺牲的决心向纣王讲祖宗创业艰难，要求纣王平心静气地想一想，停止那残暴的行为。纣王听了勃然大怒，便把他的心挖了出来。纣王的堂兄微子启一看这架势，心想如果再不逃走，连自己都要赔进去。为了保存殷王室的一点血脉，使祖宗有人祭祀，便赶紧逃到荒野去。孔子认为这三位表现虽然不同，但心里的想法，动机都是一样的，便称他们为『殷室三仁』。

晏能处己　鸿耻因人

【浅释】何晏是东汉末年人，小时候聪明伶俐，一般小孩子都比不上。曹操非常喜欢他，想把他收为义子。何晏住在宫中，在房子的地上画了一块正方形，自己就在这正方形中间。别人问他这是什么意思，他答道：『此乃何氏之庐。』这句话传到曹操的耳朵里，曹操知道这是不能强迫的，就打消了收他为义子的想法，并送他回去。〇东汉梁鸿，小时就死了父母，虽然又穷又没地位，但他很有志气。有一次，邻居的饭先煮好了，好心地叫他赶快趁热做饭，他觉得这是瞧不起他，便回答说：『我不会借别人的余热。』一直等到灶火完全灭了，他才重新点火做饭。

文翁教士　朱邑爱民

【浅释】西汉文翁名党，景帝时为蜀郡太守。他在蜀郡崇尚文化教育工作，兴办学校，改变风俗，派司马相如等

十八人到长安跟博士学习，回来再教授学生，是个很有远见的官吏。汉代郡国办学，文翁是第一个，后来才有人仿效。〇汉代朱邑，先担任北海太守，后来升迁到大司农这个要职。临终前，他嘱咐儿子说：『我本来是桐乡啬夫（汉时乡官，掌管诉讼和赋税，是个低级官吏），遗爱在民，民实爱我，死必葬我于桐乡。』他知道自己在桐乡当小官的时候为老百姓做了许多好事，老百姓会记住他。

太公钓渭　伊尹耕莘

【浅释】姜子牙八十岁的时候在渭水边钓鱼，周文王打猎从渭水边经过，用车把姜子牙接回，高兴地说：『我太公望公久矣！』因为有这句话，所以把姜子牙称为『太公望』。后来，周武王称他为师尚父，他助武王兴周灭纣。〇商朝大臣伊尹，名伊，又有人说名挚。他原是商汤的妻子有莘氏之女的陪嫁的奴隶，地位很低微。后来汤试用他当『小臣』，见他很有才能，就让他管理国事，后来连国家大事也托他管，他便帮助汤灭掉暴君夏桀，建立商朝。商汤死后，他先后辅佐过卜丙、仲壬两位商王。仲壬死了以后，太甲即位，他不遵守商汤制定的法令政策，被伊尹放逐了。三年后，太甲悔过自新，改正了错误，伊尹又把他接回去当国君。

皋惟团力　泌仅献身

【浅释】唐朝曹王李皋，代宗时是江西节度使，他训练自己的部队，向士兵们传授团力之法。李希烈作乱，侵犯江西，李皋把李希烈手下将领韩露、杜少诚等打得落花流水，狼狈逃窜。李希烈很怕他，不敢再派兵侵犯江淮一带。〇有一年端午节，文武百官纷纷向唐代宗献礼，只有李泌没有献，唐代宗当面问李泌：『先生何独不献？』李泌答道：『从头巾到鞋子，都是陛下所赐。我所剩下的只是一个身体，有什么好献的呢！』代宗说：『我所需要的正是你的献身精神。』

丧邦黄皓　误国章惇

【浅释】三国时蜀国后主刘禅，也就是阿斗。在诸葛亮死后，非常宠爱宦官黄皓。黄皓专权放恣，胡作非为，连大将姜维都被他赶到偏远的地方去了。魏国派邓艾，钟会进攻蜀国，朝中无人抵敌，蜀国灭亡了。〇北宋章惇帮助王安石推行新法，他用人不当，新法也有弊病，出了许多问题，所以反对派说章惇误国。

鞅更秦法　普读《鲁论》

【浅释】战国中期，卫国的公孙鞅（又称卫鞅），到秦国游说孝公变法。孝公接受了他的主张，在秦国进行两次变法，使秦国逐渐富强起来。因为这功劳，他被封在商，号为商君。他就是商鞅。秦孝公死后，他遭到车裂，俗称『五马分尸』。〇宋赵普当了宋太祖、太宗两朝的宰相。他每天朝罢回府，总要关紧房门从小箱子中拿出《论语》研读。他曾经对太宗皇帝说：『臣有《论语》一部，以半部佐太祖定天下，以半部佐陛下定太平。』

吕诛华士　孔戮闻人

【浅释】姜太公吕尚封在齐。齐这地区有个名叫华士的人，他不肯向周天子称臣，也不跟各国诸侯往来，是个头上长角、身上长刺的不驯服的人，但那地区的人却称赞他贤——有才有德。姜太公三次召见他，他都不理，说不来就是不来。结果姜太公给他定了『逆民』之罪，而诛杀了。〇孔子曾一度在鲁国当司寇，他才当权七天就把鲁国的一个大夫少正卯杀了。他的学生子贡问他：『少正卯，鲁国的闻人，为什么要杀？』无缘无故地把一个名人杀了，难免引起人们的疑心。孔子解释说：『天下大恶有五：心达而险，行僻而坚，言伪而辩，记丑而搏，顺非而泽，少正卯兼而有之，不可不除。』

暴胜持斧　张纲埋轮

【浅释】汉武帝天汉二年，泰山琅琊出现了许多『盗贼』，武帝派暴胜之等官员拿着板斧追捕犯人，刺史、郡守以下许多官员都伏法受诛。听说当地有个才德出众的贤人隽不疑，暴胜之就去拜访他，向他请教。隽不疑对暴胜之说：『凡为官吏，太刚则折，太柔则废，恩威并用，才可善后。』他的这套统治权术使暴胜之大开眼界，脸色变得越来越恭敬。〇东汉顺帝时，外戚专权，政治腐败，贪污受贿之风盛行。顺帝派张纲、杜乔等八位廉洁正直的大臣出京巡查风俗，惩治贪官污吏。派出的大臣纷纷出发，大臣张纲走到洛阳都亭就不走了，他知道贪污腐败的总根子就在顺帝身边。他说：『豺狼当道，安问狐狸！』便气愤地把车轮埋在当地，就回京了。他上疏弹劾国丈兼国舅，当时权倾朝野的大将军梁冀和梁冀的弟弟河南尹梁不疑。梁冀感到这个人对他是个极大的威胁，便派他做广陵太守，实际上就是把他赶出京都。

孙非识面　韦岂呈身

【浅释】宋朝孙抃，在皇祐年间当御史台的首长御史中丞，他向皇帝举荐唐介，吴敦复为御史。孙抃和这两个人没有什么交情，甚至还不知道他们长得怎样，只是因为这两个人刚直、耿介出了名，孙才推荐他们。○唐朝韦澳，武宗时就中了进士，但等了十年都没官做。高元裕当时当御史中丞，他想让韦澳当御史，便让人传话叫韦澳去见他。韦澳拒绝了，他说：『恐无呈身御史。』他是不肯『送货上门』的。到宣宗期，他当了翰林，为官清正，不随波逐流。

令公请税　长孺输缗

【浅释】晋朝裴楷当了中书令，相当于宰相。他每年都督促梁王、赵王这两家皇亲国戚交税百万，用这些钱救济贫苦困难的老百姓。有人讥刺他说：『何为乞物示恩？』裴楷说：『损有余而补不足，天之道也。』○宋代杨长孺在湖州当刺史，敢于碰硬，制服有权有势的人，政绩卓著。后来他在调任广东的时候，将已经积存的七千贯的薪水全用来替贫困户交租。

白州刺史　绛县老人

【浅释】唐朝薛稷有次做了一个梦，梦见『有神以纸封其九锡，拜楮国公，白州刺史，统领万字军』。这些『官』都不小，但加上了『纸』、『楮』、『白』、『字』等就等于什么也没有了。这故事出在《纂异记》里，显然是讽刺那些想当大官的人的。○鲁襄公三十年，晋悼公夫人赐造车的工匠食物，看见一个绛县老人也在其中，年纪已经很大了。她便把这情况告诉当权的赵孟。赵孟就召见这位老人，向他赔礼承认自己的错误，让这位老人当『绛县师』。古人提倡敬老，让一个年纪这么大的老人和一般工匠一道做工而没发现，就是一种过失。

景行莲幕　谨选花裀

【浅释】南北朝时，南朝齐国有个庾杲之，字景行，宰相王俭用他当幕僚。王俭府里有莲花池，种很多莲花，景行有个朋友很羡慕景行能在这样好的环境中工作，写信说：『庾景行泛湖水，依芙蓉，何其丽也！』芙蓉就是莲花。○唐朝许慎，字谨选，为人旷达，不拘小节。他跟亲友们在花圃里举行宴会，不设帐幕，也没椅子，只叫仆人把树上落下的残花聚拢铺在地上请客人坐，并且还相当自豪地说：『我自有花裀，何须坐具？』

郗超造宅　季雅买邻

【浅释】晋朝郗超，字景兴，一字嘉宾，喜欢交游，善于清谈，信奉佛教，对佛经理解得很透彻。他听说有高尚之士想要退隐，往往会替这些人筹备一大笔钱财，甚至达百万这么巨大的数字，替这些人盖房子。戴安道（戴逵）是个高尚之士，琴书、画都很精通，他要到剡溪隐居，郗超就替他盖了一座很漂亮的房子。〇南朝宋季雅，在吕僧珍家旁边买了一座房子。吕僧珍问他这房子花了多少钱买来，季雅说：『一千一百万。』僧珍很奇怪：这房子哪能值这么多钱！季雅告诉他：『一百万买宅，一千万买邻。』好邻居的价值远远超过了一座大房子的价值。

寿昌寻母　董永卖身

【浅释】宋朝朱寿昌，七岁的时候，他父亲就迫他母亲改嫁。寿昌长大后当了官宦，但是一想起母亲，就不能心安理得地继续当官了，因此便弃官回乡，依靠刺血抄佛经（佛经有用血写的）赚钱做路费，外出寻母。后来终于在四川中部找到他的母亲。〇汉朝董永，父亲死了没钱办理后事。为了葬父，他宁愿卖身为奴，向乡里姓裴的富翁借了一万铜钱。父亲丧事办完，他忽然遇见一个女子，表示愿意做他的妻子。他们一起到富翁家里，这裴财主叫他们替他织三百匹缣抵债。才一个月，三百匹缣就织好了。这时，他的妻子对他说：『我是织女，因君孝，上帝令我助君偿债。』话讲完就凌空飞去。后来织女生了孩子，送回人间由董永抚养。这就是流传至今的七仙女故事的原本。

建安七子　大历十人

【浅释】在曹丕的《典论·论文》中提到了孔融、陈琳、王粲、刘桢、徐幹、应玚、阮瑀等七位作家，并对这些作家的作品风格进行评论。这七位作家都活跃在建安时期，后人便把他们合称为『建安七子』。〇唐代宗大历年间有十位诗人，名声都差不多，人们便称他们为『大历十才子』。但『十才子』是谁，各书所载不同，据《新唐书·卢纶传》载，十才子为『卢纶、吉中孚、韩翃、钱起、司空曙、苗发、崔峒、耿沛、夏侯审、李端等。十才子在艺术方面都有一定修养，擅长五言律诗，有形式主义倾向。

香山诗价　孙济酤缗

【浅释】唐朝诗人白居易被贬到江州当司马，他在庐山香炉峰下筑了草堂，自称香山居士。他的诗在当时就很受

欢迎，刚写出来，人们就争着传抄。当时新罗国商人也喜欢带白居易的诗回国。因为他的一篇诗在新罗国可换一两银子。○三国时吴国孙济。这人嗜酒如命，不会营生，经常欠酒钱，别人常常嘲笑他，而他一点也不在乎，依然我行我素。

令严孙武　法变张巡

【浅释】春秋时期，孙武以《兵法》十三篇见吴王阖闾。吴王想试试他的兵法，就让他训练宫中一百八十名美女。孙武把她们分成两队，每队用吴王最宠爱的美女当队长。孙武对她们进行训练，三令五申，她们都视同儿戏，孙武便按军法斩了两个队长，这些美女就听指挥了。吴王阖闾相信了他的军事才能，便用他为将。他曾率军伐楚，五战破郢。○唐朝张巡用兵不死搬古代的兵法。他统率部队作战，就是让手下将领各出主意。有人问他，他说：『胡人善马战，速度快，变态百出，故我们只要兵识相意，交识士情，上下相习，各自为战，就可以获胜了。』安史之乱时，他在内无粮草，外无救兵的情况下，抵御叛军十万坚守睢阳城数月，对阻止叛军南侵江淮起了重大作用。后城陷被俘，他不屈而死。

更衣范冉　广被孟仁

【浅释】东汉范冉（一作范丹），年轻时跟尹包友善，他俩家里都很穷，出入只有一件红色的衣服。每次外出访友，年长的尹包先穿那件红衣服进门，出来把衣服脱下给范冉穿。范冉后来当莱抚长，有人议论要让他当侍御使，他不愿干，便弃官离去。○东汉时孟仁，年轻的时候他母亲给他做了床又大又厚的被褥，有的人觉得奇怪，便问他母亲为什么要缝这么大的被，他母亲说：『小儿无德致客，客多贫，故为广被，使之便于结交朋友。』

笔床茶灶　羽扇纶巾

【浅释】晚唐陆龟蒙，字鲁望，曾先后任苏、湖两个郡的知事。后来隐居在甫里，号甫里先生。他常乘小船，带上茶灶、笔床、钓具，或煮茗、或书画、或钓鱼，棹船而游，表现他豪放的品格，因而又号『天随子』。○诸葛亮字孔明，三国时蜀国的政治家、军事家。他曾跟司马懿在渭南对阵，双方约定日期交战。战前司马懿就是全副武装，戴盔披甲在军中管事。而诸葛亮则羽扇纶巾，独坐素车指挥军队，三军号令整肃。探子向司马懿报告了诸

葛亮的情况，司马懿感叹道：『诸葛亮可谓名士矣。』

灌夫使酒　刘四骂人

【浅释】汉代灌夫为人刚直，他不喜当面讲人的好话巴结讨好别人。对皇亲国戚、有权势的人，也从不买账，一定要凌辱他们；而对贫贱的士人，他反而更加恭敬。后来因为在宴会上借着酒醉辱骂丞相田蚡，田蚡在皇帝面前告他的状，结果以『大不敬』的罪名，诛连三族。〇隋朝刘子翼，排行第四，老朋友都称他刘四。他为人刚直，朋友有什么过错，他都要当面责备，但是从来不在背后议论别人。李伯药对人家说：『刘四虽骂人，人终不恨。』刘子翼也善于写诗，有道德、有学问。

以牛易马　改氏为民

【浅释】三国魏的后期，司马懿掌握朝政，当时有一本书叫《玄石图》，里面有『牛继马后』的谶语，所以司马懿对姓牛的十分疑忌，他曾用毒酒毒死他手下的将领牛金。但这一类事情也是防不胜防，据说西晋末年恭王妃夏侯氏私通姓牛的生下了司马睿。渡江以后，司马睿被拥立为晋元帝，真的应了『牛继马后』这句真语。〇东汉时有个姓民名仪的人，他本来姓『氏』，孔融曾取笑他说：『氏字民无上，可改为「是」。』

圹先表圣　灯候沈彬

【浅释】唐朝诗人司空图，字表圣，曾任知制诰、中书舍人，后隐居中条山王官谷。唐亡，不食而死。他生前就预先为自己开好墓圹，朋友来拜访他，他就把朋友带进墓圹里，边喝酒，边赋诗，显得潇洒脱俗。〇唐末五代文人沈彬，隐居云阳山学道，以后在南唐当吏部郎。他临终前向自己的亲属指明他的葬地。挖墓圹时，从地下挖出了石制莲花灯三盏，上面还有一面铜牌，用篆文写着：佳城今已开，虽开不葬埋。漆灯犹未灭，留待沈彬来。』

十二　文

谢敷处士　宋景贤君

【浅释】晋朝谢敷，清心寡欲，隐居在若耶山十几年，朝廷多次征召他去做官，他都不应召，甘愿做隐士。〇宋景公时，上天出现了许多异常的现象，人们心里都有些惊慌，总有一种灾难就要降临的感觉。宋景公便召见子

韦，问个清楚。子韦说：『祸当在君，可移于相，或称于民，或移于岁。』景公说：『相，所与治国家者；民，为国之本；岁荒，人必饥死：均不可移。』子韦说：『君有此至德之言，祸象必退。』

景宗险韵　刘辉奇文

【浅释】南朝曹景宗，梁武帝时为右将军，以武勇出名。一次，武帝设宴，刘沈约限韵，让大臣们联句。联到最后韵字快要用完了，只剩『竞』、『病』两个险韵，曹景宗便拿起笔来，即刻写出一首诗：『去时儿女悲，归来笳鼓竞。借问行路人，何如霍去病？』这两个险韵竟然被他用得那么自然贴切，所以引起了大家的喝彩。〇宋朝刘几，字之道，写文章喜欢用险语。文辞奇涩，欧阳修十分厌恶这种文风。考试时他的文章被欧阳修认出，整篇试卷被刷成一片红。以后刘几苦学欧阳修的文章，力求戒除险语，改名刘辉，再去应试，竟然没有被欧阳修认出来，中了个状元。欧阳修得知后大吃一惊，很长时间心情才恢复平静。

袁安卧雪　仁杰望云

【浅释】东汉袁安曾旅居于洛阳。有一天下大雪，洛阳县令亲自出外巡察，看到袁安家门口积雪很厚，又看不到走路的足迹，认为袁安已经冻死了，便叫人把他家门口的雪铲掉，推门进去看见袁安直挺挺地躺在床上。县令问袁安：『何以不出？』袁安答道：『大雪人皆饿，不宜于人。』洛阳令听了心中很欣赏他，后来就举荐他当孝廉。〇唐朝狄仁杰在武后朝当了相国，由于有功，被封为梁国公。狄仁杰刚出来当官时，被任为并州法曹参军，家眷都留在河南。有一次狄仁杰登临太行山，看到白云在空中飘，便感叹说：『我亲人当在此云之下。』说完还在那里留恋了好久直到云散，方才离去。

貌疏宰相　腹负将军

【浅释】宋朝王钦若相貌丑陋，脖子上长有一颗肉瘤，言行不雅。他曾拿着文章求见钱希白，钱希白看不起他，对他很冷漠。有个看相的对钱希白说：『此相乃人中之贵。』钱希白压根就不相信。后来王钦若做了真宗的宰相。他很会顺应真宗皇帝的意思，讨真宗的喜欢。后来仁宗皇帝曾说：『钦若所为真奸邪也。』〇有一位大将军吃饱饭后抚摸着肚皮自豪地说：『我不负汝。』他的侍从对他说：『将军不负此腹，此腹却负将军。』嘲笑他肚

子里没有墨水，说不上有什么筹谋，只是个酒囊饭袋罢了。

梁亭窃灌　曾圃误耘

【浅释】战国后期，梁国大夫宋就做了边县的县令。这个县与楚国交界，梁亭、楚亭两个地方都种瓜。梁亭这边梁国人经常浇水，瓜长得又大又甜。楚亭那边楚国人不浇水，瓜长得非常小。楚亭人便偷偷地用手指掐梁亭的瓜，让瓜枯死。梁国人发现后就想报复。宋就为了让两邻和睦，避免边界冲突，劝梁亭的人说：『以善报恶，可为楚人夜灌其瓜，勿令知也。』梁人悄悄地去替楚人灌瓜，让楚亭人深受感动，与梁亭人的关系一天比一天好。○孔子的学生曾参，为瓜园除草，一不小心将瓜根弄断了，他父亲大怒，用大杖打他。曾参趴在地上让父亲打，被打得晕过去，过了很久才苏醒过来。孔子得知这件事便责备曾参，教导他说：『舜事瞽叟，小杖受之，大杖则逃。你委身以待暴怒，如身死，则陷父于不义。』于是曾参向老师承认自己错了，表示从此改过。

张巡军令　陈琳檄文

【浅释】张巡是唐朝时的一位将军，军令严明。令狐潮围攻雍丘，张巡的偏将雷万春站在城上和令狐潮对话，脸上被射中六箭还是丝毫不动，令狐潮手下的人甚至怀疑这是木雕的假人。后来令狐潮对张巡说：『前见雷将军，已知足下军令矣。』○东汉陈琳，字孔璋，『建安七子』之一。他先前是袁绍手下的文职人员，后来归附了曹操。曹操很爱他的才华。有关国家大事和军中大事的文告都是由陈琳起拟。曹操有头风病，有一次病发作了，他躺着看陈琳的文稿，看着看着突然间他跳了起来，说：『吾病愈矣！』

羊殖益上　宁越弥勤

【浅释】羊殖是春秋时期晋国的大夫。他十五岁时就能够不隐瞒自己的过错；二十岁，就喜欢讲仁义；五十岁，在边关当大将，能够让身边的人发自内心的与他亲近，让远方的人想归附他。赵简子称颂他说：『贤大夫也，每变益上。』○战国时期，齐国人宁越向他的朋友请教做学问的问题，朋友对他说：『勤学三十年就行了。』宁越说：『别人休息，我不休息；别人睡觉，我不睡觉。十五年就足以了。』于是勤奋苦学了十五年，学业大有长进，成为齐威王的老师。

蔡邕倒屣　卫瓘披云

【浅释】东汉王粲学识渊博，见多识广，不管问他什么问题，他都能解答，可以说是无所不知了。蔡邕是个有名的学者，并且成名已经很久了。然而他也十分敬重、仰慕王粲。听到王粲在门外等他接见，他连鞋都没来得及穿好就『倒屣相迎』了。○晋朝乐广，善于言谈，他的话深奥巧妙，蕴含着非常丰富的思想，给人一种深不可测的感觉，人人惊叹钦佩。卫瓘见到他，对他印象相当好，说：『此人如水镜，见如若披云雾而见青天。』

巨山龟息　遵彦龙文

【浅释】唐朝李峤的哥哥和弟弟们全都是在三十岁的时候死的，所以他的母亲很担心他也熬不到这个年龄。她就去问当时名气很大的袁天罡。袁天罡观察了他的鼻息，都从耳中出入，和长寿的乌龟一样，便向李峤的母亲恭贺说：『龟息也，必大贵大寿。』○南朝杨愔（字遵彦），六岁的时候就能读历史书，十一岁时能读《诗经》、《易经》。长辈们都很器重他，都觉得这是个才华横溢的年轻人。他们说：『此儿乳牙未落，已是我家龙文（骏马名），更十岁后，当求之千里外。』后来杨愔在梁武帝时做了太子少保，被封为开国公。

十三　元

傲倪昭谏　茂异简言

【浅释】罗隐原名横，字昭谏，杭州新城（今浙江桐庐）人，唐代文学家。他二十岁应进士举，十试不中，乃愤世嫉俗，将他的小品文集题名为《谗书》。好诙谑讽刺，傲睨权贵。《唐才子传》称他的『诗文凡以讥刺为主，虽荒祠木偶，莫能免者』。○吴简言，字若讷，宋代人，以茂才异等科累官至礼部郎中。一次他经过巫山神女庙时，根据战国时楚国宋玉《高唐赋》中所讲的楚襄王游云梦台，与巫山神女幽会的一段故事，写成一首为神女辩白的诗，诗曰：『惆怅巫娥事不平，当时一梦是空成。只因宋玉闲唇吻，流尽巴江洗不清。』当天晚上，他梦见神女向他致谢。茂异：古代科举考试中茂才异等科的简称。

金书梦珏　纱护卜藩

【浅释】李珏，唐文宗开成年间任宰相。相传他出任淮南节度使时，梦入洞府，见石壁金书中有李珏的名字，正

在自己高兴时，来了两个仙童说：『这是江阳部民李珏。』原来扬州另有一个平民李珏，他以贩卖粮食为业，每斗只求二文钱的盈利，以奉养父母。每当有人来买粮时，就给人升斗（古代称量的器具），让他自己量谷物。后来这位平民因积德而成为神仙。〇李藩字叔翰，赵州（今河北赵县）人，唐宪宗朝官至宰相。宪宗曾问以神仙长生事，藩极言荒诞不可信。据说他曾问卜于葫芦生，葫芦生说：『你是纱笼中人也。』藩不懂是什么意思。后有新罗（今朝鲜）僧说：『凡位至宰相者，阴司必定会暗中用纱笼护住他的姓名，以防异物侵害。』

童恢捕虎　古冶持鼋

【浅释】童恢字汉宗，东汉时人。相传他担任不其县县令时有虎害民。他令人捕虎，捉到两只。他对虎说：『根据王法，杀人者死。你们中间哪只是杀人的赶快低头认罪。没杀人的就叫一声。』其中一只虎低头闭目，另一只虎哀号。他就杀一放一。〇古冶子是春秋时期的力士，曾侍卫齐景公。一次齐景公渡黄河时，突然有一只鼋衔了车驾左边的马，沉入河中。在场的人都大惊失色，不知所措。但古冶子却独自持剑跃入水中，斜游了五里，又逆水上游了五里，终于到了砥柱下面。此时他左手拿了鼋头，右手挟了左骖马，像燕雀一样腾跃而出，仰天大呼，河水为之倒流三百步。四周观看的人都把他比作河神。

何奇韩信　香化陈元

【浅释】楚汉相争时，韩信最初投奔项羽，但未得重用。他又另投刘邦，也没有受到重用，仅拜为治粟都尉。萧何与他谈了几次，大为赏识他的才能。萧何曾数次向刘邦推荐韩信，而他仍不获重用，于是又一次跑了。萧何听说后，来不及报告刘邦，就亲自前去追赶。刘邦说，最近逃亡的人多达数十个，你一个都没追，倒去追韩信了。萧何解释说：『别的逃跑者易得，他则是国士无双。大王必欲争天下，除了韩信没有第二个人能为你定计略了。』〇仇览，又名香，东汉人，曾任蒲亭长。一天陈元母亲起诉儿子不孝，他劝老人说：『守寡养孤，实属艰难，怎么让儿子受法律制裁呢？』老人感悟后离去。他便亲自到陈元家，用为子的道义开导陈元。陈元最终成了孝子，邑令录用仇览为主簿，说：『听说你不治陈元的罪而用道理去教化他，这会不会减少鹰鹯之志呢？』他回答说：『我认为鹰鹯不如鸾凤，所以不作鹰鹯。』鹰鹯：一种凶猛的鸟。鸾凤：此喻贤俊之士。

徐干《中论》 扬雄《法言》

【浅释】三国时学者徐干，字伟长，是建安七子之一。魏文帝曹丕在《与吴质书》中称：『伟长抱文怀质，恬淡寡欲，有箕山之节，可谓彬彬君子矣。』他曾著《中论》，主张『凡学者大义为先，物名为后』，反对儒学繁琐的训诂章句，而阐述儒家经义，成一家之言。○西汉著名辞赋家扬雄早年仿司马相如，作《甘泉》、《河东》、《羽猎》、《长扬》四赋，以此被荐为郎。晚年后悔他少年时所作的辞赋不好，认为是『雕虫篆刻，壮夫不为也』。于是仿《易经》作《太玄》，仿《论语》作《法言》。《法言》尊圣人，谈王道，宣扬传统儒家思想。

力称乌获 勇尚孟贲

【浅释】乌获是战国时的秦国的力士，与力士任鄙、孟说（即孟贲）一起受秦武王的宠用。据说他能举起千钧的鼎，并因此位至大官，享年八十余岁，后因扛鼎折断肱骨而卒。○孟贲是战国时齐国的勇士，相传他能将活牛的牛角拔下来。听说秦武王好力士，他便去投奔秦国。据说他在水中不避蛟龙，在陆上不避兕虎。勇气过人。

八龙荀氏 五豸唐门

【浅释】东汉安帝时为朗陵侯相的荀淑，遇事明理，有『神君』之称。他为人耿直，博学而不拘泥于一字一句的雕琢，常在对策中讥讽权贵。他有八个儿子，而且个个都有才名，当时的人称八兄弟为『八龙』。县令范康说：『古代的高阳氏有才子八人，荀淑的八个儿子就像他们一样。』于是，人们就把淑所居住的西豪里称为高阳里。○宋代的唐垌、唐询、唐肃祖孙三代及唐介（垌之叔）、唐淑问父子相继担任御史，人称『一门五豸』。古代御史官服上绣有象征公正的豸的图案装饰，所以古人以豸指代御史。

张瞻炊臼 庄周鼓盆

【浅释】唐朝段成式的《酉阳杂俎》中记载：江淮有个王生善于占卜，有个名叫张瞻的商人在回家前做了个梦，梦见自己用臼做饭。第二天，他来向王生求卜吉凶。王生说：『臼中炊，没有釜（谐「妇」音），你这次回家肯定见不到妻子了。』张瞻回到家时，果然妻子已死。○庄周的妻子死了，惠施前往吊唁，见庄子正坐在地上敲击瓦盆唱着歌。惠子说：『你与妻子共同生活这么多年，生养了许多子孙，现在她老死了，你不哭也罢，怎么还鼓盆而歌呢？这不也太过分

了吗？』庄子回答说：『她刚死时，我怎么能没有感慨呢！但一想，人的生命就像四季的运行，人死了就像安卧在巨室（宇宙）里一般。而我现在却嗷嗷大哭，对于生命的认识太不通达了，所以不哭了。』后人称丧妻为『鼓盆之戚』。

疏脱士简　博奥文元

【浅释】张率字士简，南朝梁人，性嗜酒疏狂，不拘礼法又粗心。他在任新安太守时，派遣僮仆押运三千斛米回吴，结果运到时损耗了一大半。张率问原因，僮仆答道：『一路上鼠雀消耗的。』他只说了句：『壮哉，鼠雀！』就不再深究了。斛：量器名，古时以十斗为斛，后来又以五斗为斛。〇萧颖士字茂挺，唐兰陵（今山东枣庄）人。玄宗朝官秘书正字、扬州功曹参军，因不依附李林甫而几次罢官。他的文章与李华齐名，以喜欢举荐后进见称于时，卒后门人谥『文元先生』。据说他性严酷，有仆名杜亮，侍奉他已十几年了。他每次鞭打杜亮，都多达百余下。有人劝杜亮择木而栖，杜亮说：『我不是不能另找主人，之所以留下，是因为爱他博学多识。』

敏修未娶　陈峤初婚

【浅释】宋人陈敏修，高宗绍兴年间进士。高宗问他年纪，他回答说，今年七十三了。又问他有几个儿子，他回答说尚未娶妻。高宗便把三十岁的施氏宫女嫁给他，陪嫁十分丰厚。当时曾流传着这样的一则笑谈：『新人若问郎年纪，五十年前二十三。』〇陈峤字景山，宋代人。年近六十才进士及第。有读书人家把女儿许配他为妻，成婚之夜，有人作诗曰：『彭祖尚闻年八百，陈郎犹是小孩儿。』

长公思过　定国平冤

【浅释】韩延寿字长公，汉昭帝时任淮阳、东郡太守，很有政绩。宣帝时代萧望之为左冯翊，诬陷韩延寿在东郡有僭越行为，被诛死。韩延寿任左冯翊时，巡察至高陵，有兄弟争田，他为之悲伤，自责道：『为郡表率，不能宣明教化，致使有骨肉争讼，责任在冯翊。』因而闭门思过。争讼者听说后感到惭愧，便袒露上身表示待罪，并愿以田相让。〇于定国，汉宣帝时任掌刑狱的廷尉长达十八年之久。他断案审慎决断，从轻发落疑案，哀恤鳏夫寡妇，治狱公平宽简，时人称颂道：『张释之为廷尉，天下无冤民；于定国为廷尉，民自以为不冤。』

陈遵投辖　魏勃扫门

【浅释】西汉哀帝时人陈遵，以功封奋威侯。他性好客，每次聚会宴饮，就把来客所坐车的车辖投入井中，客人虽有急事，也不得离开。辖：固定车轮与车轴位置的销钉。○西汉人魏勃，想谒见齐相曹参，因为他贫贱，无人为他通报，于是常常早起，打扫齐相舍人的门庭。舍人感到奇怪而问他，他说：『没有别的原因，想谒见相君，特意为你打扫门口，借以通报。』于是舍人把他引见给曹参，曹参让他作舍人。后世将『扫门』作求谒权贵的典故。

孙琏织屦　阮咸曝裈

【浅释】宋朝孙琏善于吟诗，但他不想通过科举考试而平步青云。他自食其力，亲自种田、织麻鞋维持生活，活到一百岁。○晋朝阮咸，旷达不羁，不受礼教束缚，跟他的叔叔阮籍齐名。阮籍和阮咸他们的家都住在路的南边，其他姓阮的族人都住在路的北边。北边的是富豪，南边的是穷人。传说七月七日曝衣不蠹，北阮曝的尽是绸缎纱罗，南阮没衣服可曝，阮咸便把犊鼻裈挂在竹竿上曝。犊鼻裈是当时下等人穿的粗布围裙。大名人曝犊鼻裈在当时也许是一条大新闻。

晦堂无隐　沩山不言

【浅释】宋朝名诗人黄庭坚想诠释『吾无陷乎尔』的意思，瞑思苦想也找不出恰当的解释。便去找黄堂寿长者晦堂祖心禅师向他请教。当时正是八月，桂花盛开，馨香触鼻。晦堂问：『闻桂花香乎？』黄说：『闻。』晦堂说：『吾无隐乎尔！』庭坚懂了，他叹服晦堂的学问和解经的方法。○唐朝香岩禅师参见沩山禅师。沩山对香岩说：『父母未生时，试道一句看。』香岩茫然不知，要求沩山说破。沩山始终一句话都不说，僵持了一阵子，香岩哭泣着向沩山辞别。以后香岩不经意地抛了一块破瓦片，打在竹子上发出声音。这时香岩恍然大悟，懂得了禅机。这时他便沐浴焚香，向沩山遥遥礼拜，他心里感谢沩山，说：『和尚大慈，恩逾父母，若为说破，今日何有！』

十四　寒

庄生蝴蝶　吕祖邯郸

【浅释】庄周为了诠释他的哲学思想，阐明人生变幻无常的道理，在《庄子·齐物论》中写道：『昔者庄周梦为

胡蝶，栩栩然蝴蝶也……俄然觉，则蘧蘧然周也。不知周之梦为蝴蝶与蝴蝶之梦为周欤？』〇唐朝开元年间，神仙吕洞宾云游邯郸，住在客栈里。客栈里的主人正在炊黄粱，有个姓卢的年轻书生也在座，他喋喋不休地诉说考不中进士的苦闷。吕洞宾就从身边的囊袋中取出一个青瓷枕头给书生，书生就枕着睡着了，他梦到自己中进士、当官、被提拔，一路春风，仕途得意，出将入相，享荣华富贵五十年。醒过来后，客栈主人的黄粱还没蒸熟。这是对沉溺于功名者的莫大讥讽。

谢安折屐　贡禹弹冠

【浅释】东晋时，谢安为丞相，派侄儿谢玄率八万人马在淝水打败了苻坚的九十万大军。捷报传来，他依然和朋友下棋，不露一丝惊喜。下完棋进入内室，经过门槛的时候，由于太高兴了，居然摔了一跤，连木屐底上齿都折断了。〇汉朝贡禹跟王吉（字子阳）是很要好的朋友。王吉当了益州刺史，贡禹拍打着帽子上的灰尘为王吉、也为自己祝贺，因为他清楚这一下他就要做官了。后来王吉向汉成帝举荐贡禹，贡禹也当了官。因此当时人说：『王阳在位，贡禹弹冠。』意思是说他们意气相通，取舍一样。

顗容王导　浚杀曲端

【浅释】晋朝王敦作乱，他的堂兄王导也受到连累。周顗，字伯仁，在元帝面前一再为王导辩护，王导才转危为安。这件事周顗从来没提起，王导也完全不知。后来王敦兵到京，问王导：『周顗如何？』王导不答，王敦就把周顗杀了。之后王导见到当日周顗申救自己的表章，特别愧疚，哭泣说：『我虽不杀伯仁，伯仁实因我而死。』〇宋朝曲端为威武将军，英勇善战，深得将士拥戴。他与宣护使张浚意见不合，张浚便诬赖他造反，曲端被逮捕入狱，随后便被冤杀了。

休那题碣　叔邵凭棺

【浅释】明朝人姚康，字休那，向来清心寡欲，不追求名利，不屑于当官。七十岁寿辰那天，他亲自在自己的墓碣上写下了这样几句话：『吊有青蝇，几见礼成徐孺子；赋无白凤，免得书称莽大夫。』〇明朝方叔邵，豪放不羁，豁达乐观，平日诗酒自适，有名士之风。有一天突然患了重病，便整理衣冠，坐在棺材里，靠在棺边上写遗

书。写完后，躺在棺材里，撒手人寰。

如龙诸葛　似鬼曹瞒

【浅释】诸葛亮在隆中隐居，徐庶对刘备说：『诸葛孔明卧龙也，将军岂愿见之乎？』○曹操字孟德，小字阿瞒。年幼时叔父不喜欢他，经常在他父亲面前说他的缺点，曹操对此怀恨在心。有一次，他故意装作痉挛疯癫不省人事的样子，让叔父向他父亲报告，等父亲赶到时，他又恢复正常。父亲问他，他反诬是叔父诅咒他。这样父亲便不再相信叔父的话，从那以后他更加肆无忌惮了。所以就有这么一句话：似鬼阿瞒。

爽欣御李　白愿识韩

【浅释】东汉末年，李膺道德崇高，是当时大名士。他跟普通人没有来往，只以荀淑为师。荀淑的儿子荀爽很钦慕李膺。有一次他要求为李膺驾车，回来以后，他非常开心，对人家说：『我今日得御李君矣！』○唐朝韩朝宗，玄宗朝时为荆州刺史，人称韩荆州。大诗人李白当时流落江汉，敬慕他的为人，作《与韩荆州书》说：『生不用万户侯，但愿一识韩荆州。』

黔娄布被　优孟衣冠

【浅释】战国时齐国的隐士黔娄子，坚守正道，从不更改自己高洁的品行。他家里很贫寒，死的时候只有一床短短的布被。他的妻子用布被给他盖尸，要么露头要么露脚。曾子说：『斜其被则敛矣。』他的妻子不接受，认为他一生德行端正，怎么能在死后斜着被子盖他的遗体呢？便说：『斜而有余，不若正而不足。』○楚国的丞相孙叔敖，为官清正廉洁。他死后不久，家里生活就十分艰苦。他的儿子只得替人挑柴维持生计。优孟得知后感慨万千。他便把自己化装成孙叔敖去见楚庄王，楚庄王以为孙叔敖复生，要他做楚国的丞相，他拒绝了。他说楚王无情，孙叔敖做了多年丞相，为楚国做出了那么多的贡献，如今他的儿子还以为人担柴养活自己，楚国的丞相不能做，楚王听了后就召见孙叔敖的儿子，赐给他一块封地。

长歌宁戚　鼾睡陈抟

【浅释】春秋时卫国人宁戚，由于家里穷，就替人赶车到齐国。夜间他给拉车的牛喂食，敲着牛角拉长声音歌

唱：『南山矸，白石烂，生不逢尧与舜禅，短布单衣适自骭，长夜漫漫何时旦？』恰巧被齐桓公从歌词中听出这是个贤士，便令管仲去接他，并把他封为上卿。〇宋朝陈抟，在后唐时没有考中进士，就先后隐居在武当山、华山，修炼神仙术。他有辟谷术，能够不食人间烟火而长期睡觉，时常一睡就是一百多天。到了宋朝，太宗皇帝赐予他『希夷先生』的称号。

曾参务益　庞德遗安

【浅释】曾子生病，曾元、曾华分别抱着他的头和脚。曾子对他俩说：『我无颜氏之才，无以告子，然君子务益。夫华多实少者，天也；言多行少者，人也。』〇东汉庞德公隐居在岘山，从不进城。荆州刺史刘表曾多次礼聘他，他都不接受。刘表亲自登门请他，他和妻子正在田里劳作，刘表对他说：『先生不愿受禄，何以遗子孙？』庞德公说：『人遗子以危，我遗子以安。』

穆亲杵臼　商化芝兰

【浅释】汉朝公沙穆，年轻时到太学学习，缺少粮钱，就受雇到吴祐家为他家舂米。吴祐跟他谈话，发觉他学识渊博，谈吐不凡，感到十分惊讶。一问之下才得知他的家世，便和他交了朋友。由于是在舂米的地方交的朋友，因此就称为『杵臼交』。公沙穆后来做到了弘农令。〇卜商和端木赐都是孔子的弟子。孔子对他的学生曾参说：『我死后，商也日益，赐也日损。』曾子问他原因，孔子说：『商也好与贤于己者处，赐也悦与不若己者处。不知其人，视其友。』故曰：与善人居，如入芝兰之室，久而不闻其香，即与俱化矣；与不善人居，如入鲍鱼之肆，久而不闻其臭，即与俱化矣。

葛洪负笈　高凤持竿

【浅释】晋代葛洪，是古代有名的思想家、医药学家。他家贫，又多次遭受火灾，家里的藏书都被焚烧光了。他只好背着书箱，徒步求师，碰到好书就留下来抄写。著有《抱朴子》一书。〇高凤，汉代名儒。有一次，他的妻子在庭院里晒麦，让他拿着竹竿赶鸡。已经一手持竹竿，一手拿书，念念有词地读着。突然乌云密布，就要下骤雨了，高凤依旧没有发觉。等到暴雨来临，也来不及收麦了，结果很多麦子都被雨水冲走了。

释之结袜　子夏更冠

【浅释】东汉张释之担任廷尉一职，权位很高。他有一个好朋友王生，是个隐士。有一次，王生的袜带松了，袜子滑落下去，他竟然回过头来叫张释之：『为我结袜。』张释之当真走过去跪在地上为他把袜带结好。从此，人们都认为张释之礼贤下士，他的名气更大了。〇汉朝同时有两个『杜子夏』。一个是杜钦，字子夏；一个是杜邺，字子夏。他们都由于有文才而出名。所以这两个人被叫混了。杜钦便想了个办法，他给自己做了一顶帽子，高宽都只有两寸，人们便把他称为『小冠杜子夏』。这样一来杜邺自然就被称作『大冠杜子夏』了。

直言唐介　雅量刘宽

【浅释】宋仁宗时，御史唐介竟然敢弹劾名望很高的文彦博『结交后宫，窃取相位』。仁宗皇帝看了他的奏疏后龙颜大怒，把他贬为英州别驾。〇汉朝刘宽，为人仁慈宽厚。在南阳做太守时，小吏、老百姓做了错事，他只是让差役用蒲鞭责打，以表羞辱。他的夫人为了试丈夫是不是如人们所说的那样仁厚，便让婢女在他和下属集会办公的时候捧出肉汤，把肉汤倒在他的官服上，结果刘宽不但没发脾气，反而问婢妇：『肉羹烫了你的手吗？』还有一次，有人曾错认了他驾车的牛，硬说这牛是自己的，刘宽也不争辩什么，叫车夫把牛解下交给那个人，自己走路回家。后来，那人找回了自己的牛，便把牛送还给刘宽，并且向他道歉，刘宽反而还安慰那个人。

捋须何点　捉鼻谢安

【浅释】南朝何点，相貌方正儒雅，学识渊博，宋、齐两朝都多次征召他出来当官，他都不接受。他与梁武帝是老朋友，梁武帝即位，要封他做侍中，他捋住皇帝胡须说：『欲使老子为臣耶？』然后以病为由告辞回乡。〇晋朝谢安年轻的时候名声就很大，却迟迟不愿去当官。兄弟们都做了官，只有他宁静淡泊，依旧是个平民百姓。他的夫人跟他开玩笑说：『大丈夫不当如此耶？』他捏住鼻子做了个牵牛的姿态说：『正恐不免耳！』直到四十多岁，他才应征出来做官。孝武帝时官至宰相。

张华龙鲊　闵贡猪肝

【浅释】晋朝文学家陆机曾给博物学家张华送鲊（腌鱼），张华说：『这是龙肉啊！』就把苦酒浇到鲊上，鲊散

发出五色光芒。〇汉朝闵贡，是人们公认的有节操的士大夫。他旅居安邑时，家中非常贫困，一天仅买一片猪肝当做肉食。安邑的县令听说后，就让县吏每天给他送猪肝。闵贡不愿给别人添麻烦，于是就搬走了。

渊材五恨　郭奕三叹

【浅释】宋朝彭渊材说自己平生有五件恨事：一恨鲥鱼多骨，二恨金橘带酸，三恨莼菜性冷，四恨海棠无香，五恨曾巩（字子固）不能诗。这『五恨』中只有一恨与学问有关，但又恨错了，其实曾子固（唐宋八大家之一）能诗，只是作品不多而已。〇晋朝郭奕在野王担任县令，羊祜则从荆州调回洛阳，他为此事再三感叹。因为羊祜在任期间修德怀人，深受百姓爱戴。

弘景作相　延祖弃官

【浅释】南朝陶弘景字通明，齐高帝时担任诸王侍读。永明年间，他弃官归隐在茅山华阳洞。梁武帝早年和他是好朋友，两人关系密切，要征召他出来当官，他也不答应。朝中有什么大事，梁武帝都派人向他咨询，当时人把他称为『山中宰相』。〇唐朝元延祖立志发誓决不当官。四十岁出头，上级调派他担任春陵县县丞，他弃官而去，说：『人生衣食可适饥寒，不宜复有所须。』

二疏供帐　四皓衣冠

【浅释】汉朝疏广、疏受分别为太子太傅和太子少傅。叔侄俩在位五年，之后向皇帝请求归养，皇帝赐黄金一百斤，高官显贵们都设宴为他们饯行。叔侄俩就风风光光地回到家乡。〇汉高祖刘邦想废掉太子刘盈而改立戚夫人生的儿子如意为太子。吕后很担心，便向张良请教对策，张良建议请商山四皓入宫。吕后便在宫中设宴请四皓，并让太子作陪。高祖看到这四个老人胡须眉毛全白了，穿戴整齐，很有派头，并知道是商山四皓，便很惊讶地问他们，以前请他们为什么不来，如今为什么却来了。四人说：『陛下轻士，臣等义不受辱。太子仁孝，愿为之死。』刘邦听后，便打消了换太子的想法。

曼卿豪饮　廉颇雄餐

【浅释】宋朝石延年，字曼卿，曾在海州担任副职。他非常喜欢喝酒。有一天一个朋友来访，他把朋友留下喝

酒。一直喝到半夜，酒喝完了，剩下一斗多的醋，他把醋也喝了，喝尽了才甘休。〇战国时，赵国的大将廉颇威震齐楚，被封为信平君。悼襄王即位后，便把廉颇撤换下来，让乐乘接替他的位置。廉颇大怒，便投奔魏国。后来赵国被秦兵围困。悼襄王束手无策，便想起廉颇。他派人到魏国去请廉颇。廉颇的仇人郭开担心廉颇回到赵国，便贿赂使者，让使者诋毁廉颇。使者到魏国看到廉颇，廉颇为了表现自己宝刀未老，雄风还在，在使者面前他一顿吃了一斗饭，十斤肉。使者由于受了贿赂，便向赵王禀报说：『廉将军虽老，尚能饭，然一饭三遗矣。』吃一顿饭要上三次厕所，廉将军还能打仗吗？悼襄王便打消了请廉颇回赵国的念头。

长康三绝　元方二难

【浅释】晋朝顾恺之，字长康，学问广博精深，绘画尤为出色。顾恺之有三绝：即才绝、画绝、痴绝。〇汉朝陈寔是位大名人。他的长子陈纪，字元方；次子陈谌，字季方，都有才德，声名很好，知名度也很高。父子三人号为『三君』。当时的人是这样评论元方兄弟的：『元方难为兄，季方难为弟。』成语『难兄难弟』就出于这里。

曾辞温饱　城忍饥寒

【浅释】宋朝王曾，咸平年时考中了状元，刘子仪和他开玩笑说：『状元试三场，一生吃不尽。』王曾见他这么庸俗，有些不愉快，就说：『曾平生志不在温饱。』〇唐朝人阳城是位有道之士，在中条山隐居。有一年当地闹饥荒，很多人没饭吃，阳城也一样。他用榆皮煮粥吃，依旧坚持讲学论道，一天也没停止过。后来他担任了谏议大夫这个清正机要的官职。

买臣怀绶　逢萌挂冠

【浅释】汉代朱买臣家中十分贫困，以卖柴为生。后来他去长安游历，被授予会稽太守的官职。回到会稽，朱买臣仍旧穿着以前的旧衣服，怀中揣着印绶，徒步走到太守官邸。府里的小官吏们正聚集在一起喝酒，瞟都没瞟他一眼。后来见到他露出来的印绶，大家才明白他就是新太守，都来参拜他。〇汉朝逢萌曾经做过亭长这样的小官，他感慨地说：『大丈夫安能为人役哉！』就舍弃亭长这个差使，到长安找个官做。这时王莽把自己的亲生儿子杀了，逢萌便跟朋友说：『三纲绝矣，不去，祸将及。』于是就把官帽挂在东都门外，携带家眷渡海到辽东旅

居去了。

循良伏湛　儒雅兒宽

【浅释】汉朝更始年间，天下各路豪杰英雄起兵征讨篡国忤逆之徒王莽。这时伏湛担任平原太守，他把自己的俸禄都捐出来赈济饥荒，全郡的贫苦人就凭借他的赈灾活动才得以保全性命。○汉朝兒宽曾在同州担任太守。他仁厚儒雅，不忍心催缴租税过于严而急，所以解送到上级的钱粮少，上司评他的成绩是最下等，就要被朝廷免官了。老百姓知道这消息，怎么忍心让他被免官，于是家家户户都把公粮交了上去。最终还是兒宽这个州送的公粮最多，他的考核成绩从最低一跃成为最高。

欧母画荻　柳母和丸

【浅释】欧阳修的父亲在他四岁时就过世了，孤儿寡母生活非常艰苦。他的母亲，没有钱买纸笔，就用芦荻杆在地上写写画画，教欧阳修认字。欧阳修也非常勤奋刻苦。后来他考中了进士，文章名冠天下。○唐朝柳公绰的夫人韩氏，家法严格整肃，是当时官宦人家的典范。为了让儿子们深夜学习有精神，她用苦参、黄连、熊胆磨成粉末，做成药丸，让孩子含在嘴中以提神。

韩屏题叶　燕姞梦兰

【浅释】唐僖宗朝的宫女韩翠屏在深宫中闲得发闷便在红叶上题诗，把叶子放到御沟中流出。恰巧被学士于祐捡到。于祐也在一片叶子上题诗，也把叶子放入御沟，风送叶片逆流而进，恰巧也被韩翠屏拾到。后来皇宫里放出一批宫女，于祐娶了一个，这个新娘就是韩翠屏。结婚后他们看到了对方收藏的叶子，才知道天公的安排是多么的巧妙！○春秋时期，郑文公有个名叫燕姞的妾，曾经梦到一位上帝派来的使者送给她一株兰花。之后生了个孩子就把他取名叫兰，这孩子就是后来的郑穆公。

漂母进食　浣妇分餐

【浅释】汉代韩信年轻时曾在城下钓鱼，漂母（浣纱妇女）见到韩信经常挨饿，便把自己的饭分给韩信吃。韩信很感谢她，对她说：『我如富贵，必当报母。』漂母很生气，说：『大丈夫不能自食，我怜而食汝，岂望报

答？』○伍子胥从楚国逃亡到吴国，到了溧阳，看到一个妇女在岸边洗衣服。子胥向她要吃的，她就把自己的饭分给伍子胥吃。子胥对她说：『幸勿告人。』走开后，回头望这个妇女，她已经自己跳入水中，以此表示不会泄露伍子胥的行踪。

十五　删

令威华表　杜宇西山

【浅释】令威，即丁令威，相传是东汉辽东人。据说丁令威在灵虚山学道成仙，变成白鹤回来，栖息在城门华表上。有个少年举弓想要射他，白鹤飞走，并作人言说：『有鸟有鸟丁令威，去家千年今始归，城郭如故人民非，何不学仙冢累累。』○杜宇，传说为古蜀帝，遇水灾，自认为自己没有仁德，就把位置禅让给丞相开明，自己去西山隐居。死后，他的魂化为杜鹃鸟，俗称子规。

范增举玦　羊祜探环

【浅释】范增，项羽谋士，鸿门宴上数次举起身上所佩玉玦暗示项羽杀刘邦，项羽不听，使刘邦得以逃脱。○羊祜，晋大将。五岁时，羊祜让乳母去取他要弄的金环，乳母不知道是什么，于是羊祜立刻就到邻人李氏园桑树上，摘取金环，李氏说那是他死去的儿子的遗物。因此才知羊祜乃李氏儿子转世的化身。

沈昭狂瘦　冯道痴顽

【浅释】沈昭，即沈昭略，南齐人，性狂隽，使酒任气。有一晚酒醉遇王约时说：『你为何又肥又痴？』王约反唇相讥：『你为何又瘦又狂？』沈抚掌大笑『瘦已胜肥，狂又胜痴，奈何？奈何？王约，奈汝痴何？』○冯道，五代人，侍奉过十个君王，早把丧君亡国不当回事。契丹灭了后晋，冯在京师见契丹主耶律德光。耶律讥讽他：『是何等老子？』冯卑躬屈节地说：『无才无德痴顽老子。』虽然冯道曾经权倾朝野，但是此时也只能自卑自贱，因为他知道自己只是一个亡国奴。

陈蕃下榻　郅恽拒关

【浅释】陈蕃，东汉人，任豫章太守时，闭门谢客，只有郡中名士徐稚（字孺子）来，陈蕃才会特为他设榻，徐

孺子一走就把榻挂起来。后称接待宾客处为『下榻』。○郅恽，汉光武帝时任东门侯。有一次光武帝刘秀外出打猎，回来时已经是夜里了，郅恽拒关不开，皇帝只好从中东门入。第二天郅恽上书谏道：『陛下远猎山林，夜以继日，置宗庙社稷于何地呢？』后来光武帝奖赏了郅恽，而将放他进来的中东门侯贬为尉官。

雪夜擒蔡　灯夕平蛮

【浅释】唐将李愬讨伐叛将吴元济。刚开始，李愬表面上不肃军政，善待降人，以麻痹敌人，暗中却抚养士卒。第二年冬，乘晚上下大雪突袭吴元济的蔡州，俘获了吴，平了淮西之乱。○北宋时，狄青任广西宣抚使，逢元宵灯节，利用这个时机，狄青设计麻痹敌兵，乘机将昆仑关守敌一举歼灭。这就是历史上有名的『灯夕平蛮』。

郭家金穴　邓氏铜山

【浅释】郭家，指的是郭况，他是东汉光武帝郭皇后的弟弟，赏赐不计其数，家中积金以亿计算，京师称其家为『金穴』。○邓氏，指邓通，西汉人。曾经有个算命先生说邓通将来会被饿死，后来他用嘴替文帝吸脓汁而得宠，被赏蜀严道铜山，自己铸造铜钱，因而大富。景帝即位后，非常讨厌他，于是将他的所有钱都收入官库。邓通后来身无分文，最终因饥饿而死。

比干受策　杨宝掌环

【浅释】比干，即何比干，汉代人。汉武帝时，他任廷尉，为官公正严明，为百姓做了很多好事，深受人们的爱戴。相传有一老太婆到何家，给他九十九枚简策，说：『你的子孙将来佩印者有此数。』○杨宝，汉代人，相传他九岁时曾救一只黄雀，经过他的精心照料，黄雀得以痊愈。有一天黄雀变成一黄衣童子，自称西王母的使者，给杨四枚白玉环，说善用此环，子孙可以富贵。

晏婴能俭　苏轼为悭

【浅释】晏婴，春秋时候齐国人，执政五十多年，节俭力行，每顿饭只吃素菜，衣服也是几十年不换，妾不穿帛衣，一狐裘能穿十三年之久。人们认为他太过于节俭，可是他仍然保持这种节俭的作风。○悭，吝啬，苏轼不好奢侈，力求简朴，曾自评：『仆行年五十，始知作活大要是悭耳，文以美名，谓之俭素。』吝啬本来是贬义词，

可是被苏轼说成是简朴、朴素，表现出一种乐观的生活态度。

堂开洛水　社结香山

【浅释】堂，指的是宋人文彦博所建的耆英堂。他曾以太尉之职留守在西都洛阳，把居住在洛阳的德高望重者聚集在一起，名『洛阳耆英会』，并且还建耆英堂。〇白居易贬为江洲司马时，号为香山居士。晚年，他与一些志同道合的朋友共结香山社，由九人组成，时人有『香山九老』之称。『社结香山』就是指的这件事。

腊花齐放　春桂同攀

【浅释】武则天天授二年冬，她想要试探群臣对自己的态度，便派使者宣诏说：『明朝游上苑，火急报春知。花须连夜发，莫待晓风吹。』次日凌晨，上苑果然百花竞放，群臣都感到很惊讶。就连武则天自己都感觉很惊讶。〇相传明代仪真地方有蒋、王二书生，元旦一起游庙，闻桂花香。二人分别到左右树下各折桂花一枝。众人都很惊奇。后来蒋、王二人同中进士，蒋官至知府，王官至布政。